山頂視角

學得會的老闆思維

人人都是自己的CEO

朱小蘭 著

◎熬夜重

◎自認為做得不錯，升遷加薪卻沒我的份？

◎遇到挑戰發點脾氣，老闆就覺得我玻璃心？

5大不對稱 × 30個職場衝突 × 30種解決方法

幫你少走彎路，

用老闆思維搞定所有工作

目錄

03 你認為應該的 vs 老闆認為應該的

04 你期待的 vs 老闆期待的

05 你的遠方 vs 老闆的遠方

前言

身為一個組織管理領域的研究者、跨文化溝通與管理顧問培訓產業的從業者，我最主要的工作是和各類組織的老闆、企業家和管理者們打交道，在此過程中我也同時聆聽到了很多員工們的真實聲音和困惑。比如：

為什麼，我熬夜推翻重來 N 次的方案，老闆還不滿意？

為什麼，我認為自己做得不錯，升遷加薪卻沒我的份？

為什麼，我遇到挑戰，發點脾氣，老闆就覺得我玻璃心？

你每天拚命工作，有沒有想過這些問題到底是怎麼產生的？又該怎麼解決？有人說工作做得不爽就跳槽嘛，三條腿的青蛙難找，兩條腿的老闆還不好找？換間公司就行。然而，在沒有摸透職場生存與發展之道之前，就算換了十個八個老闆，你的發展照樣不怎麼樣。

曾經，我在初入職場的時候，也經歷過一系列的破碎，也踩過無數的坑。當老闆給有挑戰性的任務時，我第一反應是「我不會」，既不懂得老闆對結果的期待，也不懂得如何快速學習成長；當我只顧悶頭苦幹，以為愛「拚」就能贏時，卻因不懂得如何進行過程匯報，不懂得如何與同事合作，被同事背後搶走專案；當我好不容易越過小白門檻，作為新晉管理者空投到一個新部門時，因沒有及時轉換成管理者角色，不懂得有策略、有方法地管理團隊而遭滑鐵盧之痛。

很慶幸，我在職涯變遷的過程中，有機會遇到很多領袖和高人，受到他們的指點。例如，有機會與美國前總統老布希（George H. W. Bush）、世界經濟論壇主席史瓦布（Klaus Schwab）、中國外交部長等近距離溝通；身為管理顧問和培訓講師，有機會做諸多上市公司及成長型企業的企業教練，從而體悟到他們的獨到之處，提升自己的思維格局。

日本「經營之神」稻盛和夫在《生存之道》一書中提到，人生和工作的結果＝思考方式 × 熱情 × 能力，意味著如果思考方式不對，瞎努力可能「死」得更快。所以，為了讓你在職場上不繞路，不瞎努力，我總結分析了老闆思維，幫你透過學習老闆的思維來搞定工作。

這裡所謂的「老闆」是廣義的概念，除了直接或間接的上級以外，也包括老師、前輩，還有企業家等。因為了解他們是如何看問題和解決問題的，學會他們的思考模式，將會打開我們的腦洞，開闊我們的心胸。當你學會了從比較高的維度看現實的問題時，這些問題都不是什麼大事了。

有人說，我沒想過要當什麼老闆或高人，還需要了解和學習老闆思維嗎？是的，你不一定要當老闆，不一定要創業，但學習了老闆思維，我相信你可以更從容地搞定自己的工作，找到方向，提升遷場價值，最終成為主宰自己人生的「老闆」。

這本書的整體結構基礎來源於美國最具影響力的心理治療大師薩提爾（Virginia Satir）的冰山理論，還結合了管理學、經濟學、組織行為學、心理學、職場教練技術等各方面的一些「實用內容」，以及我自己的工作經驗和在企業管理顧問實戰中總結出的方法論。這些理論不僅可以用在職場和企業管理中，其實生活中也同樣可以套用。

冰山理論（Iceberg Theory），是薩提爾心理治療中的重要理論。它實際上是一個隱喻，指一個人的「自我」就像一座冰山一樣，我們能看到的只是「水面」上很少的一部分，也就是行為和表現方式，而更大一部分的內在世界卻藏在更深層面，不為旁人所見，包括感受（我覺得……）、觀念（我認為……）、期待（我希望……）、渴望與自我（愛、意義、生命能量……）。這座「冰山」大約只有八分之一露出水面，剩下的八分之七則潛藏在暗湧的水底，水面以下是長期被我們壓抑並忽略的「內在」。

每一個人的心中都有一座「冰山」。當我們和對方出現衝突的時候，看似是表面的行為和對資訊的應對方式不同，但實際上衝突的是「水面」以下的部分。員工與老闆之間的鴻溝也是一樣，因為我們生活的世界存在著諸多層面的不對等。如果能夠了解衝突的來源，站在對方的角度理解他是怎麼想的、為什麼這麼想，那麼我們自然就能找到解決衝突的辦法；如果我們只站在自己的視角去看待這個世界，那麼就很容易鑽牛角尖而無法自拔。

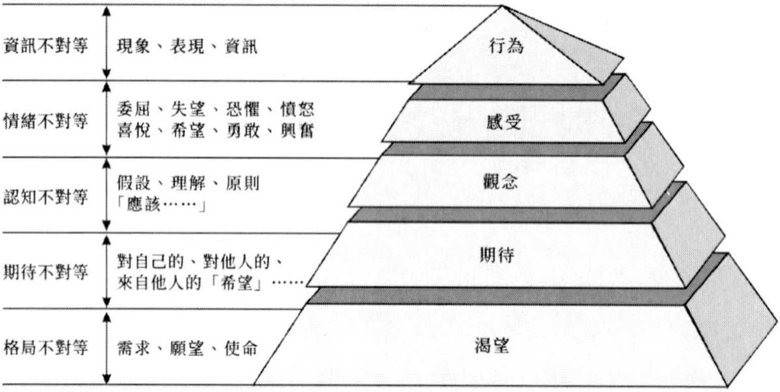

基於冰山理論的這五個層面，本書共分為五章，分別聚焦於資訊層面、感受層面、認知層面、期待層面和格局層面。職場中的很多問題和矛盾衝突，其實就是你與老闆在這五個層面上出現不對等所造成的。

舉個例子，員工經常抱怨：「老闆一天一個想法，總是變來變去，能不能確定一個方向？」老闆卻覺得：「市場環境變化太快，不變我就得死。」這個衝突就來源於資訊層面的不對等。很多時候你知道的和老闆知道的並不處於同一個維度，所以造成了彼此對於「做什麼，為什麼做，以及怎麼做」的衝突觀點。

面對工作中出現的問題，員工很委屈，老闆不理解，員工很鬱悶，老闆更鬱悶，這就會讓彼此有很多抱怨、指責等。其實這個衝突的背後是感受層面的不對等，情緒上出現了問題。所以，理解員工和老闆情緒上的不對等，並且跨越感受層面去解決工作問題，很重要。

說到績效、薪酬，員工會認為：「我辛苦一年了，應該有獎金吧。」老闆卻認為：「你做這些分內事是應該的，我還發了薪資給你呢。」產生這一衝突是因為認知層面的不對等。你和老闆對績效、薪酬這些概念有不同的理解，就會導致不同的要求和期待，從而產生認知上的衝突。所以，理解上級管理和老闆的認知很重要。

我經常聽老闆說，「我找不到真正有用的人才」；而員工會說，「我明明已經很努力工作了」。這個衝突來自期待層面的不對等。很多時候並不是員工沒能力，而是員工交付的和老闆期待的不符，這就影響到對一個員工的評價，繼而影響到他的職涯發展。所以，理解老闆的期待很重要。

有員工對於工作的理解是「給我多少錢，我就做多少事」，可是老闆看的是未來的事業大格局，不是眼前這點工作。產生這種理解上的錯誤就是因為雙方在格局層面上不對等。員工想生存，老闆想事業；員工追求完成任務，老闆追求完美卓越。當我們意識到了這種格局不對等後，就會發現格局上的局限會影響到一個人未來發展的邊界。

面對這些不對等，老闆們會用什麼樣的思維看待和解決這些問題呢？如果我們只看到「水面」上的那些看得見的故事和事件，而不洞察和理解「水面」下的部分，就很容易陷入「我對你錯」的評判和無休止的爭吵中。而當我們理解更深層次的思考模式時，我們就能找到問題根源，創造雙贏的解決方案，提升自己的格局。

在本書裡，我將用 30 個常見的職場場景來分享老闆們的思維、策略和方法，讓每一位讀者都學會老闆的思維。

於我自己而言，這些思維對我的職涯發展和心理成長幫助非常大、非常多，讓我從名不見經傳的實習生，只用半年時間就成為專案主管，讓我從不懂管理的「菜鳥」，5 年內成為為企業進行診斷的管理顧問和合夥人，也讓我找到職涯方向和工作幸福感。我也用冰山理論的這五個不對等層面的分析方法，成功讓記恨老闆十年的員工放下心結，也幫助新晉升的主管帶好團隊，甚至在外交談判中讓雙方進行了順暢的跨文化溝通。

所以，我的體會是，學習老闆思維的最大價值在於，能夠幫你跳出固有的思維邊界，學會換位思考和從更高的層面思考問題。人生就像爬樓梯，當你站在第 20 層看第 10 層的問題時，其實你可以不迷惘、不焦慮地應對。人生的目的也是利他，當我們學會從「關注自我」到「幫助他人」時，會發現其實可以成就更好的自己、幸福的自己。

每個人終其一生都要成為自己，而在此期間無法逃避的一門課就是成為自己人生的 CEO。那還等什麼呢？請跟我們一起來學習「老闆思維」，從容搞定工作，成為主宰自己人生的「老闆」。

01

你知道的 vs 老闆知道的

任務堆成山，為什麼還要寫工作日誌？

工作中你有沒有覺得寫工作日誌很煩？其實以前我也抱怨過：「任務堆成山，我都忙成狗了，為什麼還要寫工作日誌？」後來我做企業顧問，聽到老闆們也在抱怨說：「我都不知道員工拿了錢做了些什麼，交上來的工作日誌也根本也都不像樣，就是在應付。」

即便有了日誌，其實你與老闆在資訊層面也還有很多不對等：你知道的老闆未必知道；你做了很多事，但老闆也不知道你有多厲害。所以在這裡我們想和你聊一聊，關於工作日誌那些事。你搞定了日誌，那麼週報、月報就是差不多的方式。

我們先來聊聊你討厭日誌的原因以及它到底有沒有必要。

原因之一：你認為浪費時間。那日誌真的是浪費時間嗎？

美國著名管理大師、被譽為績效改進之父的吉爾伯特（Thomas F. Gilbert）說，資訊暢通是提升組織績效的第一件事情。對於老闆來說，管理組織就跟拼圖一樣，如果你不提供屬於你的那一塊拼圖，老闆就拼不出完整的圖案。這樣的資訊不對等，就不利於老闆整體統籌布局和安排，甚至可能會耽誤事或決策上會受影響。

舉個例子，我實習的時候有一次因為沒有在日誌中提前通知第二天我會跟著大老闆外出，而導致手頭上的任務被耽擱，繼而有客戶投訴。一開始我的直接上司質問我的時候，我還很理直氣壯，覺得這是大老闆分配的工作導致的延誤。但後來我的上司嚴肅地指出，如果昨天你的日誌上有這麼一條外出計畫，那麼我們就會很快找人替代完成，任務就不會被耽擱。後來，我會在日誌中提前報備一些可能存在的延誤或風險，以便上司有心理準備，並統籌安排。

所以，統整整體工作進度，提升組織效率，是老闆要你寫日誌的原因之一。

原因之二：你害怕日誌是你沒有好好工作的照妖鏡。

你在上班時間，在購物網站上搶了一堆「好東西」，滑了一個小時的影音平臺，甚至打著拜訪客戶的名義出門逛了一圈賣場。你是在投入工作還是在摸魚、混時間，通通瞞不過老闆的火眼金睛。所以，有人覺得老闆要工作日誌就是想抓你的把柄，用來扣你錢或作為以後裁掉你的「證據」。

那麼，工作日誌真的是老闆用來監督你的工具嗎？

其實，固然有些老闆覺得，要是不監督，員工是不會好好做事的。但是，我們見過的大多數老闆其實都不是吃飽了撐著的，單純為了虐待你，他們其實根本不願意，也沒時間監視你，他恨不得你主動幫他搞定一切。

老闆真正想看的是什麼？事實上，他真正希望看到的是你在做「有價值的工作」。什麼是有價值的工作？比如，你在日誌中寫「我一天打了 100 通陌生電話」，或者是「我畫了 10 張設計圖」，確實你做的努力可讚，但如果你打了半天電話卻一個有意向的客戶都沒挖到，或者畫了一個晚上設計圖，但一張都沒通過，天天在公司待到深夜也沒見有價值的產出，這時候，就需要老闆幫你發現是不是偏離了方向，以便進行及時指導，調整工作方向。

因為公司需要員工創造價值，而不是重複 N 次無用功。所以，日誌中要呈現的是有價值的工作，也就是方向對、策略對、有產出的工作。

既然理解了老闆為什麼要我們寫日誌，想看到什麼，接下來我們就來聊一聊日誌應該寫成什麼樣子才能滿足老闆的要求，同時也對你個人有加分，不讓寫日誌變成浪費時間。這裡有三個模板句型，對我們寫日誌非常有幫助。

模板一：「工作＋成績」，日誌可以展現你的產出。

某公司商務部員工是這麼寫的：「9:00-10:00，寫郵件；10:00-11:00，打電話給客戶；11:00-12:00，找財務部為合約蓋章。」你是不是也寫過類似的日誌，甚至還把「今天掃地了，大掃除了」、「和同事吃了頓飯」之類都寫上去了？你試想一下，這麼寫老闆能對你有好印象嗎？之前強調過，老闆想要看到的是「有價值的工作」。

想要讓老闆知道你做了哪些有價值的工作，你有多厲害，你可以寫「工作＋進展」。比如，「截至今天，研發任務已經完成了 60%，比預計提前 3 天」。

你也可以寫「工作＋結果」。比如今天你「和客戶談了一個合約，成功拿到了 500 萬元的訂單」。

你還可以寫「工作＋策略」。比如你「透過與供應商爭取到訂單式生產的有利的合約條款，解決了庫存多的問題」。

總之，你也許是個腳踏實地的人，但光練不說，老闆就不知道你有多厲害、做了多少有價值的工作，而工作日誌則可以幫你晒出成績單。

模板二：「問題＋解決方案」，日誌可以展現你應對問題的策略。

寫日誌當然不能只吹捧成績，還要把問題呈現出來。但你不能簡單地只告訴老闆遇到的問題，比如：

「追蹤了 10 個客戶，都被拒絕或不接電話或待回覆。」

「我們的貨物總是無法按時到指定地點。」

「營運部門接到客戶投訴，責任在於測試工程師 —— 他們沒找到手機總是黑畫面的原因。」

如果只是在日誌中發現問題，抱怨問題，推卸責任，那可不行，你更要以「問題＋解決方案」的方式呈現你的工作，並提出解決方案所需要的協助、資源等。比如，「A 客戶不同意我們的合約條款，想後天邀請老闆一起拜訪」，「手機黑畫面問題始終沒解決，能不能撥預算，讓第三方測試專家一起找出問題在哪裡」。

當老闆看到你不僅在思考，在找問題，也願意嘗試解決問題時，他一定會極力支持你、幫助你的。所以，藉著日誌來申請支持吧。

模板三：「計畫＋目標」，日誌體現你工作方向的對與錯。

日誌中還有一項最容易被忽視的內容，就是寫「未來工作規劃」。我們在工作時，總是會不知不覺被一些不太重要的瑣事消磨了時間，耽擱了重要的工作。而有了做計畫的習慣，弄清楚了下一階段的工作重點，你的工作效率也會逐漸地翻倍。

如果你只是簡單列計畫，比如，「5 月 20 日，與技術協調討論」，「明天，與品管部開會」，「下週，設計直立式海報」，那麼對不起，這樣寫日誌是不合格的。

你應該寫「計畫＋目標產出」，比如，「5 月 20 日，與技術協調討論，更新《產品說明書 V2.0》」，「明天，與品管部開會，確認出廠產品的品質檢驗流程」，「下週，設計直立式海報，並完成打樣」。

設想一下，老闆看到如此井然有序的工作安排，一定會對你大加讚譽的。

小結

在這裡我們澄清了什麼是工作日誌，以及它的重要作用。對老闆來說，日誌可以統籌布局，提升效率，規避風險。對我們來說，日誌是讓老闆知道你有多厲害的溝通工具。

老闆想從日誌中看到什麼？老闆不是想看流水帳，他希望看到「有價值的工作」。

什麼是有價值的工作？就是方向對、策略對、有產出的工作。那我們應該怎麼寫日誌呢？有三個模板可供指導：

模板一，「工作＋成績」，體現你有產出。

模板二，「問題＋解決方案」，體現你應對問題的策略。

模板三，「計畫＋目標」，體現你的方向正確。

工作日誌，只是我們日常工作中提升效率、發揮工作價值的一個工具，也是「學會老闆思維」的第一步。接下來，我們會聊聊在遇到「老闆天天變化，跟不上老闆思維」的問題時，該如何應對。

延伸思考

嘗試用三個模板的方法完成你的工作日誌，看看日誌是否幫助你梳理了工作的方向、策略。

老闆一天一個想法，如何巧妙應對？

曾經有人詢問：「我老闆一天一個想法，公司變化特別快，我真不知道在這裡未來有沒有穩定的職涯發展！」你有沒有遇到過類似的老闆，時不時給你來個新想法讓你執行，讓你措手不及，感覺很不穩定？

同時，我也經常聽到老闆們著急地說：「我們公司的員工，整天就知道八卦娛樂，但思想和能力都跟不上公司的變化。」實際上，你與老闆對於「變化」的資訊有很多不對等，當老闆很敏感地捕捉到市場的變化，做出迅速反應讓下屬去執行時，你很有可能還不知道老闆真正的用意，也就是還不知道老闆有多厲害。

這是一個資訊爆炸的時代，每天巨大的資訊量讓你跟不上，這種快速變化的節奏，會讓很多人包括你我都處在焦慮狀態。首先，我們來盤點一下這種焦慮感來自哪裡。

第一，不確定性。

比如，在我的一家客戶公司中，我碰到有位產品經理抱怨：「老闆今天說要主打 A 產品，明天說要賣解決方案，真不知道到底要定位在哪裡，能不能讓我們安心研發一個產品？」

變化讓我們不知道「定」在哪裡，所以心也就沒法安定。

而通常老闆對不確定性的看法是，要麼是機會，要麼是危機。你觀察一下，看同樣的新聞或文字，老闆就可以快速捕捉趨勢性資訊，發現未來機會。或者，老闆們會時刻保持不確定性帶來的危機感，時刻準備轉型升級。

第二，無力感。

「我本是個小小財務主管，可是老闆今天說要貸款，明天說要跟券商談融資，與財務相關的也就罷了，竟然還要把行政人事都讓我負責。我覺得自己能力還達不到。」也就是說，當能力跟不上公司變化時，你會感到無力。

大部分員工依然希望有清楚的工作邊界，比如，你是做財務的或者是做技術職。但我們會發現，如今的組織形式已經在開始變化，很多工作都不像過去那樣按部就班。而老闆們從不在乎跨界，甚至善於跨界「打劫」。因為他們懂得「自己是自己的隱形殺手」，只有突破自己的邊界，才可能持續生存。

你希望「穩定地發展」，但老闆卻希望在「動態變化中發展」。這種不對等，就如同兩個人一起跑步一樣，如果配速不一樣，慢的人跟上去總會氣喘吁吁感到不舒服，如果快的那個人還經常變速，那跟的人就更不知所措了。

知道了自己焦慮的根源，我們再來看看老闆到底為什麼變化。如果你能夠了解老闆變化背後的邏輯和目的，應對起來也就更加自如了。老闆的變化來自三個方面。

第一，顧客需求的變化。

10 年前我甚至都還不知道世上有個東西叫 App，但這些年我們的生活方式發生了巨大改變，現在手機一個螢幕都不夠放所有 App，買東西的管道從實體商店轉移到了購物平臺或其他電商。包括如今已經非常強大的手機支付，連大街上賣小吃的小商小販們都放著 QR Code 接受行動支付。

這種顧客需求的快速且顛覆性的變化，讓很多公司備感不適，因為整個生態的水流都變了。有名投資人說過，「時代拋棄我們的時候連聲再見都不說」。所以，老闆們很清楚，水流變了，如果不適應新的水流，早晚會死。

第二，商業模式的變化。

水流變了，泳姿也得變。也就是說商業模式跟著變化了。

記得 2013 年我翻譯《掘金大數據》的時候，市面上只有兩本關於大數據的書，大數據還只停留在入門概念階段。這才短短幾年時間，我們可以看到很多公司已經運用大數據升級了商業模式。大數據的運用不只是巨型公司的事情，很多成長型企業也都基於大數據拓展新業務，或者改變自己的商業模式。比如，有的停車場管理工具 App 的母公司，5 年前還是傳統停車場規劃和管理公司，如今已然是停車場大數據公司。包括我的客戶中也有這樣的，比如從曾經的不動產抵押鑑價公司衍生到房地產大數據公司，從旅遊行程規劃轉型風景區大數據託管。

所以，在這個進化大變遷的過程中，老闆們覺得要快速學會新泳姿，不然就無法進化為新物種。可是光是老闆學會新泳姿還不夠，整個公司都要提供新想法，都要變，一起向前。

第三，對人才能力需求的變化。

有企業家說，人才要勇於創新改變。我的客戶企業們也大都如此，過去根本沒有網路營運、自媒體營運、大數據管理等職位和人才，但因為公司策略方向和業務都在變，對人才的能力要求也隨之發生變化。

可是，對於企業而言，不可能在有限的預算下，在業務不確定的情況下，一下子從外部招來昂貴的人才團隊。我們看到這幾年供不應求的網路工程師們的年薪甚至比老闆都高，現在自媒體營運薪資也不低，因為幾乎每家公司的市場推廣都圍繞自媒體這場戰爭展開。所以，老闆就要求先讓內部員工從專才變成跨界人才。如果你的老闆天天要求你學習和變化，那麼恭喜你，起碼老闆還沒有直接開除你的意思。我看到的很多人，連機會都沒有就直接被裁員了。

其實，在我做顧問之後，真心覺得企業家們真的非常厲害，可以在爆炸的資訊中快速捕捉機會、應對變化，並實際執行。

理解了老闆變化背後的邏輯，那應該如何從容應對老闆的變化呢？

應對方法一：時差法 —— 運用想法到實現之間的時差。

態度上，一定要積極回應，即便你還不能理解或者不同意老闆的做法，在沒有經過論證前不要輕易說「不」。如果你了解老闆的變化風格和大概頻率，那麼你可以找到一定的、合適的時差，在這個時差裡充分與老闆溝通方案的可行性、風險和備案。

如果每當老闆提出一個新想法，你一眼看到的只是問題，一上來就反對，那麼他就很容易認為你跟不上變化，不願意也沒有能力承接和挑戰新事物。

如果你雖然看到問題和風險，但仍然積極回應，比如，可以建議做個市場調查研究，可以幫他積極尋找實行方案和應對風險的建議，那麼也許看到調查研究結果，他主動改變主意也說不定。這樣，即便這個新想法失敗了，老闆也不會埋怨你不行。

應對方法二：指南針法 —— 從不確定性中找到確定性。

在上面對焦慮原因的分析中，我們因「不確定性」而焦慮。那麼，我們可以像在茫茫大海中看指南針一樣，先找到北方，也就是先確認目標和使命，並達成共識。

舉個例子，「讓天下沒有難做的生意」是阿里的使命，那麼不管做哪個線上平臺，業務形態在變，某個頻道的形態也隨時可以變，但其實都是圍繞這樣的使命來變的。

所以請你首先了解老闆要變化的初心是什麼，目的是什麼。那麼細節到某一產品的變化，你就知道方向在哪裡。這時候你無論支持還是反對老闆都可以找到理性的理由。

應對方法三：特區法 —— 先做小範圍試驗所。

每當我的客戶要轉型的時候，我經常建議老闆設立「特區」。先嘗試一下，再大力推行。

我們的工作其實也一樣，你在積極回應老闆創新想法的同時，也可以建議老闆：「可不可以先小規模做個小嘗試，實現個小目標，然後再推行？」這樣，即便他變了想法，你的沉沒成本也比較小，調轉船頭也比較容易。

小結

前文中敘述了「變化的資訊」的來源，以及應對方式。對於員工而言，對老闆的變化感到焦慮甚至抗拒，是因為「不確定性」和「無力感」。而對於老闆而言，由於顧客需求的變化、商業模式的變化，從而導致對人才能力需求的變化，才會要求公司內員工學習新技能，勝任新工作內容，開拓新領域。

那我們應該如何更自如地應對老闆的這些「變化的想法」？有三大方法：

一、時差法 —— 找到想法到實現之間的時差，充分與老闆溝通方案的可行性、風險和備案，而不是一上來就說「不」。

二、指南針法—— 在不確定性中找到確定性，首先了解清楚老闆要變化的真正目的，再根據實際情況動態調整解決方案，而不是簡單執行任務。

三、特區法—— 建議老闆先小範圍試驗再全面推行。外部資訊的變化和內部工作內容的變化已經是我們日常工作的常態，只有和老闆一樣積極應對變化，進化為新物種，才可能不被這個時代所淘汰。有了這樣的心態，接下來我們會聊聊在職場中「你真正要做的工作到底是什麼」。

延伸思考

請思考你的老闆和公司的變化，並嘗試用以上三個方法去積極應對。

明明做了很多事，為什麼老闆說你瞎忙？

記得我剛剛上班的第一週，真心不知道該做點什麼。我等待著老闆指示，等了兩天終於老闆叫我影印了一份文件。我感到非常失落，覺得我一個堂堂名校畢業生怎麼是來影印的。多年後，當我以老師的身分到企業時才發現，像我 N 年前那樣不知道工作要做什麼的同仁還真是不少。

你可能會說：「我沒那麼小白，我知道我的職位是做什麼的。」可是，身為顧問的我也常常聽到很多老闆說：「我們公司的員工整天不知道該做什麼，該做的沒好好做，真不知道他們在瞎忙些什麼。」

從以上例子中我們不難看出，在人人都喊忙的職場中，很多人自以為做了很多事，但在老闆眼裡很多時候其實就是瞎忙，卻沒有抓住重點。

首先，來看看在老闆眼裡，哪些人屬於「不知道做什麼」的人。有這麼四大類：

第一類：小白兔。

就是那些等待老闆指示，老闆讓他做什麼就只做什麼的人。他們眼裡基本上沒工作，只有被動地讓他做什麼時才會勉強行動。

第二類：事務狗。

我們常常說自己忙成狗，但我發現很多人其實都是忙於不太重要的事務性工作，通常都在瞎忙。這就屬於，「看似知道該做什麼，其實並不知道」。

第三類：機靈猴。

他們是屬於「只知道自己想做什麼，其他通通都不做」的類型。

比如，不是職位職責範圍內的一概不是他的責任，看起來比較艱難的工作一概不做，可能出問題的風險工作一概不接。

第四類：老黃牛。

他們屬於「該做的不該做的都做了」的類型，非常勤奮，倒是比什麼都不做的好。但是，有時都不知道自己越權，不知道自己搶了別人的風頭，甚至在團隊中不受待見。所謂「勤奮反被勤奮誤」，死了都不知道自己是怎麼死的。

為了讓員工清楚知道該做什麼，組織管理中有一種東西叫「職務說明書」，為的就是讓員工清楚知道要做什麼，責任是什麼。當然，也有一些企業根本就沒有正式的「職務說明書」。但你先不要著急怪老闆沒告訴你。如今，市場快速變化，公司快速成長，業務模式快速升級，人員快速流動，在天天面臨不確定性和變化的現代組織中，很多時候其實「職務說明書」都失效了。因此，我們應該自己設計工作內容，對自己的工作負責，主動告訴老闆我想做什麼。

那你的主要工作內容應該來自哪裡呢？來自三個方面。

來源之一：職位職責決定主要工作內容。

最直接的參考文件就是「職務說明書」，其中就有對職位職責的描述。

比如，人力資源部培訓專員的職位職責如下：

1. 負責培訓需求進行調查研究；

2. 負責供應商的篩選與聯繫；

3. 負責組織實施培訓；

4. 負責培訓效果滿意度的調查及持續改進；

5. 主管交辦的其他工作。

如果你發現在你的工作中「主管交辦的其他工作」占了70%，那麼你就要重新釐清一下你的職位職責了，看看是整體業務變化帶來的工作內容的變化，還是你多承擔了額外的工作職責，還是不小心搶了其他人的職責。

如果沒有正式的「職務說明書」，公司應徵的時候人力資源負責人或者你的直接老闆會告訴你，你未來的工作是什麼。如果兩者皆沒有，那麼請你主動與你的老闆溝通，詢問你的主要職位職責是什麼。

所以，請不要像小白兔那樣被動等待老闆指示，要主動履行職位職責。也不要像老黃牛那樣勤奮過頭，做了很多不該你來做的工作，累死又不討好。

來源之二：關鍵目標引領工作策略和路徑。

首先，公司會有績效考核，會給予每個職位關鍵績效指標(KPI)，那你就要圍繞你的關鍵績效指標來設計你的關鍵工作內容。

比如，你的目標是開發 10 個客戶，那麼你的工作要圍繞著「如何有效開發客戶」來設計，至於你是寄郵件、打電話，還是在社群平臺求助，這些動作都是你的手段。

其次，你的工作內容一部分是來自老闆（或者部門）的目標。比如，公司要從傳統企業轉向智慧製造。圍繞這樣的公司大目標，人力資源主管的工作內容就要發生變化了。同樣是招募員工，就要從在招募工人變成工程師，從公司內部競爭晉升轉變為委託獵頭公司尋找外部管理人才。

部分民營企業和新創公司可能沒有績效考核制度，沒有關鍵指標。即便是在這樣的企業組織裡，你也需要設計自己的小目標，今年我要完成哪些重點工作，達成什麼樣的小目標。這樣，你的大腦就很清楚地知道 80%的力量和資源要放在哪些重點工作上，用什麼樣的策略和路徑。因此，以目標導向設計工作會更容易出成績。

所以，請不要成為整天瞎忙碌的事務狗，要學會從目標出發，有策略地設計關鍵工作。

來源之三：拓展邊界和創新幫助挖掘潛能。

有人說：「我只要做好我的分內事就好了。」確實，在成熟的、分工很細的公司裡，職位職責細分得非常具體，「做好分內事，只求不犯錯」也就成為很多員工的工作作風了。只做好分內事，真的就萬事大吉了嗎？

我曾去一家電梯企業進行調查，這家公司一年的產量相當於日本和韓國的總產量之和。可是創造出這麼大產量的公司裡，也只看到 200 多人。因為，傳統工作都被從德國進口來的機器人取代了。未來很多重複性、機械性工作也會被機器人取代，老闆正在考慮如何減少人工成本來引進更多先進技術。

如果我們永遠只做分內工作，只了解自己擅長的那些事務，未來當這個職位沒有了，或被機器人替代的時候，我們又該做什麼去呢？

所以，請不要成為職場機靈猴。公司有新專案要主動去承擔，有問題要主動去解決，別人不願做的要主動幫助別人完成，最後這些經驗都會留在你身上，為你提升自身價值做累積。

有了主動拓展工作邊界、主動創新的意識，不僅老闆可以看到你的價值，你還可以利用平臺主動挖掘潛能，得到成長。

了解了工作內容的來源，那該如何設計工作，讓老闆覺得你忙得有價值呢？

方法一：價值法。

你可以反問自己，也可以和老闆溝通，你這個職位存在的意義和價值在哪裡。

比如說，某產品工程師職位的主要價值有三個方面：深度理解客戶需求，技術溝通與協同，確保產品實現。

當產品工程師所有的工作內容都是圍繞這三大重點價值進行有目的的規劃時，就算忙得有價值了。

方法二：重點模組法。

有些職位的工作是可以區分出主要與次要模組的，你可以主抓其中的若干重要模組。

比如，人力資源工作就是六大模組：人力資源規劃、招募配置、培訓開發、績效管理、薪酬福利、勞動關係。如果你所在的公司是一家成長型公司，那麼今年人力資源的重點工作就是三個模組：招募、培訓和績效。

所以，根據自身企業不同的發展階段，確定幾個關鍵的重要模組，會更有成效，而不是一下子什麼都做，卻什麼都做不精。

方法三：流程法。

我們可以把整體工作按工作流程來進行梳理。按流程梳理的好處是，不僅能夠梳理每個工作階段需要做什麼，還可以不斷改善流程，提升工作效能。

例如，某公司供應鏈負責人梳理自己的工作流程為：

第一步，供應商選擇；

第二步，新產品驗證；

第三步，訂單組織生產；

第四步，物流與產品交付。

這樣一來，哪個環節需要做哪些具體工作，甚至哪些策略可以再改善就一目了然。即便這個職位換人了，交接工作時，下一任也比較容易知道他要做什麼，以及怎麼做。

小結

我們著重梳理了職場中「該做什麼」的問題，也就是工作內容的設計。

從工作態度上，我們不能成為老闆眼中不知道該做什麼的四類人：等待指示的小白兔、瞎忙的事務狗、不想多做的機靈猴、該做的不該做的都做了的老黃牛。我們應該主動圍繞自己的工作職責、關鍵目標和創新方向來設計具體工作內容。

那應該怎麼具體設計工作呢？

方法一，價值法。梳理自己職位的幾個關鍵價值。

方法二，重點模組法。圍繞重點模組和難點抓關鍵工作。

方法三，流程法。梳理並優化工作流程中的策略與路徑。

成功，需要在正確方向上做正確的事情。

無論在職場還是自主創業，乃至在人生成長過程中，清楚地知道自己是否處在正確的方向和軌道上都是最重要的事。清晰地知道了自己工作「該做什麼」，接下來我們就可以談一談「怎麼做」的問題，也就是如何提升工作效能的問題。

延伸思考

請重新設計你的工作內容，找到今年的重點工作及目標。

忙成狗的你，如何提升工作效能？

如果你的老闆想給你額外的工作任務，你會有什麼回應？

我聽過很多人跟老闆說：「老闆，我的工作量已經很大了，饒了我吧。」

而老闆卻不理解：「我覺得他的工作量並不飽和呀，怎麼就覺得那麼忙那麼累呢？加一點點工作給她都不願意，可能他的能力不夠吧。」

你覺得自己已經忙成狗，老闆卻覺得你工作量不飽和，這種不對等會直接影響到老闆對你的能力評價。也許有些人真的能力不夠，但我發現大部分情況下，這實際上是工作效能不高導致的。

身為一名斜槓青年，我同時在做多種不同工作，包括管理顧問、培訓講師、高級翻譯，並參與國際合作與併購案、募資咖啡館以及公益協會等，這裡還不包括自己的學習和興趣愛好。多條線、多工工作是我的常態，其最關鍵的祕訣就是提升工作效能。

首先，要了解到底什麼因素會影響你的工作效能。現在的上班族有以下幾種很典型的症狀，看看你有沒有中招。

症狀之一：向日葵症。

就和向日葵一樣，其他人往哪你就往哪，非常容易分散注意力。

同事聊個八卦，就搭個兩句；好不容易要做點正經工作，來了個電話就趕緊處理；這還沒處理完，同事又叫你開會。一整天都非常忙，但回頭一想，盡忙些瑣碎的、沒用的事務。

症狀之二：紅點強迫症。

看到通訊軟體上出現紅點，你有沒有特別想點開？在「消滅」紅點的過程中，又不小心看了朋友動態，再跟朋友聊上個 15 分鐘，順便看幾個轉發的影片。不僅是通訊軟體，也有人看到新信件就忍不住秒回，看不得信箱裡有未讀郵件。結果，一整天都在時不時強迫症般地看信箱和翻手機，連續的工作狀態被打斷了 N 次，還在不知不覺中被偷走了兩個小時。

症狀之三：拖延症。

如果工作任務的提交時間在週五，而很多人到週三了基本上都還一個字都沒動，然後週四熬通宵，踩著週四晚 12 點最後截止時間提交任務。對於拖延症患者，有截止日期還好，那些沒有截止日期的長期而又重要的事情，基本就是遙遙無期啦。

我們再忙，其實也忙不過老闆們，他們的責任更重、任務更多。那麼，那些成功的老闆們是怎麼提升工作效能的？研究發現，他們對待時間的觀念具有三個共同的特點。

第一，時間等於決定。

有老闆告訴我：「時間不是省出來的，而是決定出來的。」

老闆們非常清楚時間的寶貴價值。所以，面對一大堆事情和想見他們的一大堆人，他們會決定優先做什麼，見誰或不見誰，目標非常清晰，如果有些事對實現目標沒有什麼意義，那就堅決捨棄。所以，在時間安排上，老闆們會優先處理最有價值的事情。

第二，自己設定截止日期。

當老闆們決定做一件事情時，沒有人會給他們截止日期。他們會主動為自己安排任務，設截止日期。

其實，你也一樣可以為自己設定截止日期。這個截止日期並不是被老闆要求的截止日期，而是比要求再提前一點的截止日期。

一來，如果比老闆的預期提早完成，這種工作態度絕對可以在老闆的印象中加分；二來，可以靈活應對過程中的變數，比如，萬一最後一天生病了或者有更緊急的事情了，也可以從容處理。

第三，全心投入。

著名社群媒體推特的創始人傑克．多西（Jack Dorsey），被稱為「改變世界的程式設計師」。他是個工作續航時間超長的拚命三郎。他會固定整塊時間來開例會，落實一週的計畫，以避免開會的頻率過高。而且每次開會都全心投入，關注最重要的事項。

所以，全心投入最大的好處就是讓工作效能倍增。

在借鑑這些成功人士們的高效工作法的同時，我也補充推薦自己用過且在為學員進行培訓時比較有效的工作方法——一個心法和三個方法。

心法：發起今天的意願。

每天早上，請讓自己發起今天的意願。

你想過一個怎樣的今天，期待有什麼收穫？

意願，可以是具體目標。比如，「今天我為自己設定，一定要輸出一節課程」。

意願，也可以是工作目的或意義，比如，「今天一定要重視品質問題，提升客戶口碑」。

不要小看這樣的一個起意願的小動作。一方面，它是給自己一個承諾，成為自己的監督者；另一方面，它會確認今天的關鍵目標，會幫助你減少干擾。之前說的向日葵症就會緩解很多。

這個方法我也用在對孩子的教育中。早上送孩子上學時，我們不用天天重複「你要聽老師的話」這樣的孩子聽膩了的囑託，而是可以跟孩子說：「我們一起發起一個意願吧，今天主動舉手發言一次。」明天，這個目標可以換成「主動交一個朋友」。這樣一來，晚上放學後，你也可以去詢問孩子意願的完成情況，而不是天天只問今天吃了什麼。

回到職場場景中，每天工作開始時，你已經有了清晰的意願，那該用什麼方法來安排工作呢？

方法一：視覺化清單。

我個人比較喜歡用效率手冊、便條紙，將今天最重要的幾項工作貼在醒目的地方，隨時提醒自己。因為根據心理學的研究，視覺化可以形成督促的力量，也更能使人在處理事情時以目標為導向。現在我們的手機上也有各種促進效率的 App，可以選擇自己喜歡的。

你可能說，我也曾做計畫，比如計劃一天要做 10 項任務，但是基本上無法完成，只能放棄了。放棄後心裡覺得很內疚、很焦慮，之後覺得反正也無法完成，就乾脆不做計畫了。

為了避免這種情況，我們建議只重點記錄並關注與目標相關的 3 ～ 5 項必辦事項。剩餘的事情就按你認為合理的順序處理就好，不要一下子讓自己受挫。就如同跑馬拉松，如果一下子想到要跑 42 公里，會覺得很遙遠，腿都軟了。但是，如果你告訴自己先完成 5 公里，那是可以做到的。當設定的小目標一個個完成的時候，你會有滿滿的成就感。所以，目標要分解為小目標，嘗到完成小目標的甜頭之後，再慢慢幫自己加碼。

除了一天清單之外，我會以心智圖的方式做年度計畫，對工作和生活的年度關鍵目標進行視覺化整理。這個辦法會解決長期拖延症 —— 只為了眼前緊急的事情，會拖延更為長期而重要的事情。在年初制定計畫之後，每個季度我會去盤點完成情況，並根據實際情況調整目標與計畫。我發現，用這個方式來確定孩子的教育規劃、家庭旅行計畫、自我成長學習計畫都非常有效。而且，更神奇的是，當有些重要目標被列入計畫內之後，必要的資源和人竟然都會自己找上門來幫助你，也許，這就是所謂的「吸引力法則」。

方法二：三明治法。

就像三明治，幾樣東西一起吃，你也可以幾件事情同時做，提升單位時間的效能。

比如，我最有效的寫作和寫郵件時間是在等飛機、坐飛機期間；中午、晚上吃飯時間就是我集中回覆通訊軟體的時間；早上和晚上刷牙時間，我會一邊聽書一邊做起立蹲下運動。

這樣一個時段同時做 2 ～ 3 件事情，就能夠一天至少多出 1

個小時的有效工作時間。所以，如果你有紅點強迫症，可以在一天中設定一個集中處理通訊軟體和郵件的時間。

生活中，我們也可以用三明治法。比如，工作忙碌的職場媽媽可以選擇親子運動，將陪伴孩子和關注自身健康的兩件事同時解決。

方法三：高品質時間塊。

用某一塊可以連續續航的完整時間，全心投入重要工作。

有位老闆說，他開會時 1.5 個小時之內誰的電話也不接，還跟祕書開玩笑，只有老婆的電話可以轉給他。

其實你也完全可以在一整塊時間裡專心致志地做一件事。如寫報告時規定 1 個小時不看手機，每個月最後一個晚上規定用半小時來做下個月的計畫等等。每個人專注的時間長短不一樣，可根據集中注意力的規律來調整。

在時間管理理論中，有一種時間管理法叫「番茄工作法」，稱 45 分鐘是人們集中注意力的一個週期。可以自己設定 45 分鐘作為一整塊時間，在這整塊時間裡只投入一件事情再去休息。你也可以根據目標所需進行調整，像大考必須連續 2 個小時集中精力，就要從平時開始以這個節奏訓練。也可以根據個人習慣，我個人比較喜歡以 1 小時為單位進行投入。

決定自己的續航時間，並誠懇地告知別人這段時間不方便接電話，慢慢地，干擾就減少了，你的工作效能自然也會提升，你會更加從容地應對工作。

富蘭克林說：「你熱愛生命嗎？那麼別浪費時間，因為時間是組成生命的材料。」

的確，無論你此刻是工作時間還是娛樂時間，其實你正在消耗的都是自己的生命。將自己最寶貴的生命投入到什麼地方去？用自己有限的生命創造什麼樣的價值？如果，我們不用等到知天命的年齡才能體悟，而是在花樣年華時就能醒悟，相信每一個人的生命都能夠更加充實、豐盈、無悔。

小結

我們簡單梳理了如何提升工作效能的方法。職場中，影響工作效能的有三個症狀：

症狀一，沒有目標計畫的向日葵症；

症狀二，被小事頻繁干擾的紅點強迫症；

症狀三，不見棺材不掉淚的拖延症。

找到癥結，我們可以向老闆們學習用好時間的方法：

方法一，時間＝決定。優先處理最有價值的事情。

方法二，自己＝老闆。自己為自己設定目標和截止日期。

方法三，效能＝投入。重要事情需要全心投入。

你也可以每天設一個意願，決定今天的目標和意義。然後用視覺化清單、三明治法、高品質時間塊的方法來管理自己的時間，提升工作效能。

最終，其實最重要的還是逐步找到屬於自己的時間管理理念和方法，到那時你才能夠真正成為控制自己時間，主宰自己生命的主人。

延伸思考

請發起一個目標意願，然後找到你自己提升工作效能的策略和方法。

老闆不教我，我哪知道怎麼做？

曾經有人跟我說過這麼個困惑：「工作中我常常遇到不懂的事，可是老闆也不教我，我哪知道怎麼做呀？公司應該安排系統性的培訓。」而老闆卻說：「我拿錢請你來，是讓你幫我工作創造價值的，不懂你得自己想辦法學呀，還等著公司來教？」

你不知道怎麼做，認為公司應該培訓，而老闆認為公司不是學校，老闆不是老師。這種不對等背後是對於「學習成長」的不同思維。

相比培訓體系比較完善的西方外商企業，一般的企業，尤其是新創公司，基本上沒有什麼完善的培訓可言。那我們該怎麼辦？等著公司培訓體系完善再成長嗎？肯定不是，職場中需要透過主動的自我學習來完成成長。

那「強人」都是怎麼練成的呢？我從諸多「強人」身上發現了三種力量。也許這就是他們成為老闆的看不見的資本。

第一，驅動力：學習是自己的事。

《刻意求變》（*Intentional Changes*）一書的作者塔夫（Allen Tough）說，成年人30%的認知是透過正規教育和老師那得來的，多達70%的認知是經由自己親身經歷，牢牢掌握在自己手中的。

換位想一下，老闆難道是先經過培訓學會怎麼當老闆，然後才去創業的嗎？不是，是他們的夢想、目標、責任驅使他們主動學習，邊做邊學，邊學邊做。

所以，培訓與否是公司的事，你學不學習，成不成長那是自己的事。

第二，思考力：比知識更重要的思考模式。

《從0到1》（*Zero to One*）這本暢銷書的作者彼得．提爾（Peter Thiel）一向以逆向思考著稱，思考新維度，嘗試新領域。他在2004年沒人看好Facebook（臉書）的時候做了第一個天使投資人，用50萬美元賺得1萬多倍報酬率；在美國大選中很多人不看好川普，他卻是矽谷唯一看好川普的風險投資人。

當然，不是提倡非要反著來，而是需要獨立思考，逐步形成自己的思考模式。

第三，成長力：用未來進行時培養能力。

老闆們的共同點就是著眼於未來，他們不會只用現有的能力來判斷和決定能做或不能做。他們相信人的能力有無限延伸的可能。

有位大企業的老闆曾經開玩笑說：「如果我一開始知道這個技術這麼麻煩，也許我就不會成功了。」

其實，老闆們當年也都是從「菜鳥」開始的，是因為他們自帶驅動力、思考力和成長力才有可能改變世界，人生逆襲。我們也可以學習這種成長思維，開啟我們的自我成長之路。

有了成長型思維，我們可以從哪裡入手，開始學習些什麼呢？

第一，從項目出發，升級專業實力。

工作能力最直接的學習方式就是從實際項目中訓練專業技能。工程師不斷更新程式語言，設計師不斷升級設計軟體，人力資源不斷換新管理工具。

第二，從能力需求出發，提升軟實力。

比如，溝通能力、團隊合作能力等企業所需要人才具備的軟實力，你可以從職務說明書的「應具備能力」中查到，可以和老闆溝通，看看需要進行哪幾方面能力的提升，也可以為自己選定幾個希望提升的軟實力。

第三，從未來出發，學習新技能。

從自己的未來目標出發。比如我未來想當管理者，那就提前訓練領導力；我未來想轉行金融業，那就提前儲備金融知識。當然對於那些引領未來的新事物、新模式，比如人工智慧、大數據、區塊鏈等也都應該保持好奇和開放的心態。

第四，從跨界知識中融會貫通。

記得有經濟學家曾說，未來人才需要「古今匯通、文理匯通」。著名投行高盛的 CEO，大學時期學的是歷史，網路科技公司 PayPal 的創始人也是哲學系出身。他們就是融會貫通的成功典範。

知道了要學些什麼，我們又該如何學習呢？

無論哪門學問都需要長期的累積和修練，但找到有效的方法快速入門可以事半功倍。在顧問產業多年，我累積了一些快速切入新產業的經驗，可以與大家分享一下，不過入門之後還需要你長期堅持學習和刻意訓練。

第一，找到產業關鍵字。

我們首先要篩選出這個領域的幾個關鍵字。別看有些人從網路、通訊軟體上看了很多資訊，但這是沒有篩選出關鍵字的泛讀，並不是很有效。你可以先找到 1 ～ 2 本經典圖書，仔細啃透，找到關鍵字。每個產業在趨勢、技術、產品等方面都有自己的關鍵字，篩選關鍵字就是最快速有效的方法。

第二，站在巨人肩膀上。

模仿。比如，如果你是業務新人，當你不知道怎麼跟客戶溝通時，聽聽骨灰級業務是怎麼打電話的；當你不知道報告怎麼寫時，看看公司雲端裡的模板是怎麼做的；當你不知道怎麼傳郵件時，分析一下老闆是怎麼寫郵件的。當然，如果你能夠幸運地找到職涯導師或者偶像楷模，也可以模仿學習。

問路。如果你找不到方向，有時直接請教達人就很有效。比如，有一次我為了當幼教企業的管理顧問，訪談了業內專家，特意逛了一下幼教博覽會，參加了相關座談。這些達人會告訴你快速入門的資訊資源，同時有些人會帶你進入產業圈，引薦專家等資源。

第三，刻意練習。

《刻意練習》(*Peak: Secrets from the New Science of Expertise*) 一書研究發現，刻意練習是決定某人在特定領域或產業中最終成就的最重要因素。比如，學習商業決策的最好辦法是自己每週做 20 次模擬決策，飛行員和軍事的模擬駕駛訓練也都是如此。我曾經也透過刻意練習，從數學班最後一名變成數學比賽第一名；透過鏡子刻意練習，自如地做公開演講。

第四，分享知識。

也許這個辦法不一定對所有人都適用，不過我從高中開始一直到現在都用自我講課或分享的方式學習。因為我發現教別人是最好的建構自己知識系統的方式。我有過梳理教程後系統升級的感覺，也有過那種講著講著就把自己講懂了的體驗。大家也不妨試一下。

小結

今天我們探討了關於「自我學習成長」的重要性和方法。在這個變化的時代，我們在職場中應該像老闆一樣去主動思考和創新地學習，而不是被動地等著別人來教。

我們可以透過四個方法快速切入新的領域：

第一，整理知識找到關鍵字；

第二，請教「強人」；

第三，刻意練習；

第四，把學習成果分享出去。

當你有了強悍的快速學習能力，那無論換成什麼產業、什麼工作也都不怕了。

未來的文盲不再是不識字的人，而是沒有學習力的人。祝願大家把工作當作成長的平臺，快速自我學習，從「菜鳥」蛻變為「達人」。

延伸思考

請找一個新領域的主題，整理出三個關鍵字，並把自己的學習收穫分享給你的朋友。

默默做事就行了，還和老闆聊什麼呢？

在公司裡，很多人對老闆都是敬而遠之。他們說：「我不知道要跟老闆聊些什麼，也覺得沒必要，能高效做事就行了。」那真的默默做事就行了嗎？聽聽老闆們怎麼說：「你都不找機會讓我多了解你，甚至有些人我都不認識，你讓我怎麼善用你，給你機會呀？」

你以為除了工作之外的閒聊不重要，但老闆卻覺得還挺有必要的。這種工作之外的所謂閒聊，學名就叫「非正式溝通」。在職場中非正式溝通是非常必要的溝通技能，它不是八卦，不是拍馬屁，是透過非正式形式輕鬆地談話，相互增進了解。有時這甚至關係到老闆對你的評價，以及你的職涯發展機會。

我發現，那些不太善於和老闆進行非正式溝通的員工，一般有下面的三種典型態度。

第一，老闆不和我溝通，我就不和老闆溝通。

有些人內向害羞，害怕和老闆溝通。有些則是奉行「我靠才華吃飯」，不屑和老闆聊別的。不過在職場中，不是伯樂找千里馬，而是千里馬也需要自己走出去讓伯樂看見。

第二，我和老闆只能談公事，其他沒什麼可聊的。

很多人倒也不是不願意聊，而是除了工作，其他不知道該聊什麼，怎麼聊。

其實，除了談點營運數據、客戶名單，聊一些其他話題也可以。當然，如果聊私密的話題還是要注意場合和分寸的。但如果你成功和老闆聊到不是所有人都知道的經歷、感受等，那麼你和老闆的熟悉程度絕對比其他沒有溝通的員工要來得深。

第三，下班打了卡，老闆就是陌生人。

有些員工除了辦公時間基本上和老闆沒有互動。出了辦公室，老闆就是陌生人，而且在發美食、晒風景的社群動態中隱藏要隱藏老闆。

其實，你和老闆就是「看似熟悉的陌生人」。而這個熟悉的陌生人卻掌握著對你職涯發展至關重要的一些機會資訊、職位決定權、績效評價權、薪酬分配權等。老闆希望透過閒聊這種非正式溝通多了解員工，選拔對公司發展有利的好員工。

所以，請走出你的辦公桌小圈圈，也許是午餐時間，也許是抽菸時間，或是在出差的飛機上，找機會主動和老闆多聊一聊，讓你們彼此更加了解對方。

對於員工而言，閒聊並不是在浪費時間，而是三種難得的機會。

第一，是一次很好的傾聽機會。

你知道老闆最感興趣的是什麼嗎？喝茶、健身、讀書、爬山、自駕遊，從你們的聊天中，你可以聽到他喜歡什麼。倒不是為了送禮或者拍馬屁，而是為了更容易理解他，也能夠找到更多共同的話題。

你也可以傾聽最近他有什麼感受。比如競標剛結束，老闆很累很不容易，最近融資不順，老闆很焦慮很著急。你能夠理解他的不容易、他的難處，就很容易獲得共鳴。

你更要聽他有什麼期待。比如，過兩天要開會決議方案，他對這個提案的態度是什麼。其實老闆在辦公環境中不方便直接告訴你，但在非正式的談話中也許多少還能透露一些。

第二，是一次難得的分享機會。

你可以分享最近的動態，比如週末跑了個馬拉松、通過了職業認證考試之類的，也可以稍微炫一下你的一些專長，從唱歌跳舞到一些小樂器都可以，讓他看到你的各種精彩生活。你可以分享你最近的所見所聞，特別是學習成長的心得體會。比如，你看過的有趣的書，對最新電影的感悟，近期參加的某座談中的經典語錄等等，讓他看到你的成長。

第三，是一次輕鬆的共識機會。

當你有反對意見時，會議桌上還是要為老闆留面子的，特別是對於那些霸道控制型老闆，如果你當場反對，效果並不一定那麼好。反而事後找個輕鬆的場合提出來「老闆，那個問題我有些不同看法，不知適不適合」，也許老闆會很輕鬆地接納。

當你有新提案時，如果你跟老闆都有抽菸，就可以趁抽菸時間提前詢問和打招呼，達成共識後，到正式討論時就很容易得到老闆的支持。或是在茶水間的一次閒聊也可以。如果你與老闆關係很好，能夠一起下班後吃宵夜、喝一杯，那就更好了。

意識到閒聊背後蘊藏的機會，那我們應該怎樣做到恰如其分地交流呢？

第一步，創造閒聊機會。

平時多關注老闆的習慣、他的情緒變化，你就能夠知道什麼時候、在什麼地方切入談話會比較合適。

在我剛畢業那幾年，我根據主管辦公作息時間，幾乎每天都在一個固定時間到他辦公室簡單聊上三五分鐘，倒也沒什麼功利目的，有時聊近況，有時拿小話題辯論。現在想來，那時公司裡有什麼出國學習、升遷之類的好機會他都首推我，也許並不是因為我最優秀，而是因為我老是在他視線範圍內，能被第一個想到。後來我去英國讀書的契機和推薦信也都是工作空檔聊出來的。

第二步，請教問題。

很多人不知道如何展開交談，「請教」，也就是問問題是一個非常好的打開話匣子的辦法。

比如，你可以問：「老闆，請教一下，這個專案競標為什麼是用 A 解決方案而不是 B 呢？」

我們的話題不一定是工作，也可以是電影、興趣、生活等輕鬆話題。「老闆，您能推薦幾本好書給我嗎？」

你也可以根據老闆的偏好選擇政治、歷史等話題。「這次美國大選您更看好誰呀？」

當然，這些問題的難度最好適中，能讓老闆應對自如，別一下子提出讓他比較難回答的尖銳問題，那就尷尬了。

如果你能自如地問問題、開啟話題了，那你可以進階到下一個層次。嘗試一下「請教問題＋探討看法或建議」。比如，「請教一下，這個專案競標用 A 方案是不是因為這樣這樣的原因？我不知道我理解得對不對，我有個小建議下次我們可以這樣這樣做。」這種見解如果說到位，老闆會一下子看到你的思考力和潛力。這樣的一次刮目相看有可能會為你創造一些機會。

第三步，按讚回應。

如果老闆跟你分享或者是給些有價值的建議，那我們要歸納總結並給予回應和感謝。也許回去路上用通訊軟體傳訊息給老闆，把剛才談話中的你的體會要點再梳理一遍，並表示感謝，是個不錯的選擇。

「老闆，今天您關於人工智慧的看法對我非常有啟發，讓我受益匪淺。非常感謝！」

還有一種積極回應的方式是「動態按讚」。按讚不要只按讚，最好在評論裡寫上幾句。如果老闆在公司群裡或者私訊分享給你一篇有價值的文章，那要第一時間讀取並把心得體會分享給他。和客戶也可以用這種方式互動，效果非常好。我曾經透過動態按讚促成了與客戶的合作，你不妨試一下，與老闆、同事和客戶都可以建立良性的互動關係和連結。

小結

這篇我們主要分享的是和老闆的「非正式溝通」的重要性和方法論。

在工作中，其實非正式溝通能發揮正式溝通達不到的效果。我們要積極主動地走出辦公桌，創造閒聊機會，透過請教、探討和按讚，把閒聊變成傾聽老闆想法的機會，展現你才華的機會，和老闆達成共識的機會。最後，其實無招勝有招，我們只要專注地傾聽、真誠地交流，和老闆閒聊沒那麼難。

延伸思考

請你創造一次與老闆的非正式溝通機會，並嘗試用請教問題的方式展開交談。

02

你覺得的 vs 老闆覺得的

任務重，身心累，如何跳出職業倦怠？

我聽到很多職場人都像說口頭禪一樣說一個字，那就是「累」。「時間趕，任務重，一想到上班就感覺好累，都不想做了。」

不過也請你想一想，當你這樣狀態不佳的時候，老闆會是什麼感覺？他感覺到的是，你打不起精神或容易發怒，工作不主動，還常常抱怨，滿身的負能量。其實，這種狀態學名叫「職業倦怠」。

職業倦怠（Burnout），是 1970 年代美國心理治療學家赫伯特．弗羅伊登伯格（Herbert Freudenberger）提出的概念，是指一種由工作引發的心理枯竭現象。是上班族在重壓下感到身心俱疲、能量耗盡的感覺。其實很多人並不是生理疲勞，而是心理疲倦。

據不完全統計，90%以上的人都經歷過職業倦怠，這是一個正常的心理疲勞期。

那到底為什麼會產生職業倦怠呢？主要有三大原因。

原因之一，工作環境失衡。

比如，工作高負荷、待遇不平衡、人際關係疏離等。這些職場中的壓力都會導致你在工作和生活中的平衡被打破，進而出現職業倦怠。

原因之二，工作自主性與成就感。

大學剛剛畢業時，你是不是只是為了賺一份薪水，草草決定進入一家公司，做了幾個月發現完全不喜歡，不是你願意繼續奮鬥的方向？

在銀行工作的你，天天按部就班做重複勞動，會不會覺得很煩躁、很沒成就感？

通常做不熱愛的工作，或者重複性工作的人很容易出現職業倦怠。

原因之三，期待性壓力。

就像沒有永不斷電的長效電池一樣，外界看來進取心強、對自己要求高的人，有完美主義傾向的人，有時會更加容易出現職業倦怠。我自己就是這類人，在我的職業生涯中基本上每 3 ～ 5 年就會經歷一次職業倦怠，會出現「我應該可以更好」的念頭，從而產生不滿和壓力。

那老闆們會不會有這種職業倦怠呢？當然會有。那他們會怎麼看待這種狀態，並克服瓶頸呢？經過觀察，發現他們大多都是憑藉三種信念的力量度過瓶頸期。

信念一：這是正常的心理疲勞期而已。

工作如同愛情，初期的新鮮和熱情總是會隨著時間而減退，早晚都會出現疲勞期。

據不完全統計，很多人會在工作 1 年、3 年、5 年、10 年左右階段性地出現職業倦怠跡象。所以這是任何人都可能經歷的心理疲勞期，你需要坦然接納，並與之和平相處，這就是「接納」思維。

「接納思維」，是應對情緒、饒過自己、理解他人、實現心理成熟的很重要的能力。

信念二：相信自己可以熬過黑暗時刻。

我曾經聽過一位董事長的演講，印象非常深刻。他不僅是成功的企業家，更是頂尖的探險家。他曾 9 次登頂 8,000 公尺以上的高山，其中 3 次登頂聖母峰，也有被拍成紀錄片。他說，當遇到風暴，遇到生死時，能夠讓他跨越那些黑暗時刻的最大的力量就是相信的力量。相信自己能登頂，相信自己的夥伴，相信去了一定能活著回來。

相信自己，相信未來，這就是強者們的正向的力量、相信的力量。

信念三：突破停滯期就是最好的增肌期。

就像健身一樣，你會遇到一段時間裡一點長進都沒有的停滯期，但突破停滯期的過程其實就是形成肌肉的過程。

有位大企業的總經理在壓力最大的時候得了憂鬱症，後來他開始跑步，從800公尺到兩公里，再到將近50歲跑完77個全程馬拉松。從馬拉松的跑步過程中他悟出，人生也好，工作、創業也罷，都如同馬拉松，透過不斷突破自己，挖掘潛能，自己就會很驚喜。

這就是老闆們的「成長型思維」。正因為有了成長型思維，有的人才能放棄千萬年薪，重新創業，最後成為驚人的獨角獸企業。

了解老闆們應對職場倦怠的思維後，那我們該怎麼打破自己的職場倦怠呢？

有人說工作不想做就跳槽吧。但是，在「跳槽是否能夠緩解職業倦怠」的調查中，56%的人認為「只能緩解」，15%認為「完全不管用」。既然跳槽不能解決問題，那我們又可以做些什麼呢？

基於老闆思維中的接納思維、相信的力量、成長型思維，給你四個幫助走出倦怠的方法步驟。

第一，不忘初心，形成願力。

你可以重新回顧：當初為什麼選擇這份工作？自己得到了什麼？這份工作的使命是否真的已經完成，還是因為自己在逃避挑戰和壓力？

如果初心依舊，依然愛它，那麼強化願景和使命，強化目標會有有效的激勵效果。

第二，解決倦怠源，相信自己可以消滅它。

比如，如果是因為工作量太大，那麼可以想想如何提升效率，或者找到救援隊幫你分擔一部分工作量。如果是同事關係不好造成負面情緒，那麼可以想想有沒有辦法修復或者找老闆和其他同事商量。

問題解決了，情緒自然也就解決了，你的工作狀態自然就能進入良性循環。

第三，替自己充電，等待機會。

首先是為自己補充能量。一些興趣愛好是很好的能量來源。比如，跑步或瑜伽就是很好的舒壓運動，也可以經由聽音樂、畫畫、攝影等，為自己增添一些新鮮的變化和正能量。像我，每次感到倦怠時就會給自己一次旅行的機會，出去整理腦子後重新回歸，狀態就會不一樣。

其次，充電學習。比如工作第一次倦怠期我出國留學，第二次倦怠期我去讀 MBA。這樣你解決問題的能力提升了，自然壓力就變小了，還能找到新機會。

第四，改變環境，重新啟動自己。

我曾採訪過一位大型外商企業高階主管，問他：「為何能在一家公司待超過 15 年？」

他說，其實不是他耐得住寂寞，而是他每隔幾年就去申請調職，中間有一次想走卻進入新專案團隊，往返香港做專案，過了那段倦怠期，自己也升遷了，也就不想離開了。

所以，如果條件允許，你可以主動申請有挑戰性的任務、調整職位或者地區，這樣也許可以重新啟動你。在外部尋找新的機會跳槽也可以是個選擇，不過請注意，跳槽不能簡單因為在 A 不爽，所以到 B，如果你克服不了問題，換第 N 家公司也還是會出現輪迴。

最後，為你推薦一部張楊導演的電影《岡仁波齊》，講的是幾位藏民走過漫天飛雪的雪山，經歷生死、朝聖修行的故事，這些平凡人的信念和意志非常令人震撼。其實，人生何嘗不是一場修行，跨過倦怠，跨過雪山，你要到達的聖山會在那裡等你。

小結

我們在本篇梳理了關於職業倦怠的概念和應對方法。

職業倦怠的主要來源是：

第一，環境失衡；

第二，缺乏自主性和成就感；

第三，對自己的高要求導致的壓力。

老闆們對待職業倦怠的思維是，接納思維、相信的力量、成長型思維。我們可以基於這樣的格局和心態，嘗試實施如下四個行動指南：

第一，不忘初心，回顧願景；

第二，解決倦怠源；

第三，透過興趣愛好和學習，充電成長；

第四，透過調職或跳槽，改變環境。

延伸思考

如果最近你剛好工作狀態不好，請找出讓你感到倦怠的來源，並基於四個行動指南，嘗試做一些調整。如果你沒有倦怠問題，請思考梳理一下自己未來五年工作的願景。

受委屈，遇挑戰，如何打破玻璃心？

前兩天，聽一位客戶老闆無奈地說：「現在的孩子們罵不得也說不得，怎麼那麼脆弱呀，被老闆說兩句就說要辭職，這樣的玻璃心能做什麼大事！」

人在職場，被老闆或客戶否定、指責，那是在所難免的。那你會怎麼辦？跑到洗手間哭著打電話給戀人說「你養我吧，我不做了」？還是好友們喝個爛醉，唱歌到天亮？

那我們該如何打破玻璃心，踩過那一地碎玻璃，成為內心強大的職場人？

首先，來梳理一下，玻璃心的人的委屈來自哪裡。

第一，來自自尊。

《恰如其分的自尊》這本書中解釋說，有些自尊心特別強的人，尤其是初入職場的新人，遇到別人對自己的挑戰或者指責，就很容易「傷自尊」。但是這種看起來高自尊心的背後，反而有可能是缺乏自信，是「低自尊」的表現。

其實，真正有自信的人，他不會過於介意別人的評判。

如果對方的建議或指教是值得借鑑的，那麼就改進。如果別人不了解情況，或者指責得不對，你就堅持你的觀點。不用非要爭對錯，更不用動肝火、傷自尊。

第二，來自評判。

一種評判，是「對與錯」的評判。「這件事明明是小王耽誤了進度，憑什麼老闆罵的是我？」你覺得是錯在別人，自己是很冤枉的。我們很容易陷入二元對立的對與錯的評判中。而其實，這個世界往往不是那麼非黑即白，我對你錯。如果我們能夠走出「你對我錯」或者「我對你錯」的評判，而反觀自己「我能做什麼」，可以讓事情有更好的結果。那麼，誰對誰錯已然不重要了。

第二種，是「應不應該」的評判。比如說，我以前的意識中就有「我絕不該遭受拒絕」，結果被客戶拒絕了幾次就受不了了。但世界上，誰又應該天生是王子、公主，被其他人伺候著、哄著、關照著呢？那些都是我們自己一廂情願的期待而已。

第三，來自敏感。

「我的提案滿好的，憑什麼不採納？你是針對我的吧？！」

其實，老闆壓根就沒想過要針對你，也許真的是你的方案沒能滿足客戶需求，或者其實做得還不錯，只是恰好另一個同事的方案各方面更合適罷了。

這種敏感的人，會用自導的內心戲，自己傷了自己的心。

了解了玻璃心的來源後，我們就來看看應該如何去打敗它。有句話說得好：「評估一個人成功的指標，不是看他登到頂峰的高度，而是看他跌到谷底的反彈力。」

其實，我看到老闆們經歷的拒絕、失敗比我們多更多，他們怎麼就沒有被打敗？他們內心強大的祕密在哪呢？就在於「心理韌性」。什麼是心理韌性？

心理韌性是一種決定人如何應對各種情景下的挑戰和壓力的人格特質。它包含四個主要成分。

成分一：挑戰 —— 將挑戰看成一種機會甚至樂趣。

特斯拉創始人伊隆·馬斯克（Elon Musk）曾自述：「所謂創業，就是嚼著玻璃凝視深淵。」他經過無數的失敗及爭議後，不僅做電動車，還打造了火箭。對他而言，挑戰就是發展機會，甚至是樂趣。

成分二：自信 —— 自己給自己信任感。

記得剛進入 MBA 時，要選拔年度晚會主持人，對於慣用語言非中文的我來說，用中英文雙語主持並不是有十足信心和把握的事。但內心我會告訴自己：「我可以，沒有什麼不可能。」那種聲音讓我勇於挑戰競爭，並超過專業主持人，站在了百年學堂的舞臺上。如果我當時放棄，那就沒有那一天舞臺上精彩的自己，更沒有因此而來的更多主持機會。最終我在畢業時還被選為與 Facebook 首席營運長桑德伯格（Sheryl Sandberg）同臺做畢業演講的代表。

成分三：投入 —— 專注於完成某件事本身。

正向心理學有個概念叫「心流」，形容人們很投入地做某項事情的時候那種忘我的愉悅的狀態，當出現心流狀態時甚至會忘記時間的流逝。很多藝術家、科學家，其實他們做某件事情的目的不是得到別人的肯定或讚許，或者拿到多少回報，而是享受畫畫本身、研究本身，也就是享受工作本身所帶來的愉悅心情。

所以，專注於工作本身，尋找到心流，別太在意別的因素。

成分四：自控——相信自己能夠掌控自己。

有一本講自制力的書中說，人的大腦就跟肌肉一樣，如果你經常訓練數學，就會擅長數學。曾經，我自己就體驗過每天練習數學，突然有一天覺得自己像是突破了什麼屏障一樣。從補習班最後一名，跨越到全國數學比賽冠軍。而我並非天生聰明，只是經常刻意訓練而已。

其實，思維和情緒也都是一樣的道理。如果你經常給予自己負面的情緒和思考方式，其實也會習慣。所以，盡量說一些正面的話，讓大腦也適應正向思維。

了解了我們經過長期的自我修練打破玻璃心的這四個方向，那短期內如何突破呢？下一次老闆跟你發飆時你該如何應對呢？分享三個轉念法。

第一，「我委屈」轉變為「我接受，我承認」。

身為一個有情緒的普通人，每個人都知道被罵時的滋味不好受，這時候對委屈的那個自己拍拍肩膀，然後看看能不能轉念。想想有沒有什麼地方是可以被接受和承認的指教。

比如，「雖然是小王遲交資料，但要是我提前督促也許就好了，所以我接受」。

「我承認，我做的方案在那幾個地方真的有待改進。」

其實，哪個產品不是在一次一次的否定修改中成為熱賣商品？哪個作品不是在一次一次地推倒重來後成為經典？人也是一樣，如果你想成為精品，那就不斷被發現錯誤和不足吧。

當有了這樣的心態後，盡可能從問題中接納不夠好的自己，變得謙遜，盡可能在問題中尋找自己的不足，你會發現其實自己那點委屈也就不見了。

第二，「老闆在罵……」翻譯為「老闆希望……」。

老闆為什麼罵你，那是因為有期待。所以，如果我們把「老闆在罵……」翻譯為「老闆希望……」來傾聽，就能夠聽出老闆的期待和需求。如果你還是沒聽出來，那麼請直接問老闆：「那您希望我在哪些方面修改，做得更好呢？」

本來只是澄清需求，多修改一個版本的報告的事情，你就因為老闆語氣不好，直接決定翻臉了，其實把事鬧大對你也沒什麼好處。

第三，從關注「怎麼對你」轉到「怎麼實現目標」。

有位企業總裁在談到對團隊成員的期待時，第一點就是希望要有「心力」—— 放下玻璃心，換個鋼鐵的回來。因為在網路快速競爭的環境下，老闆需要的是解決問題的人，而不是被哄的人。

記得曾經有一次我去收項目的尾款，對方的財務人員態度極其惡劣。如果僅僅看她怎麼對我，那我的小心臟肯定是接受不了，要快快撤退的。可是，當時我就想：「我的目標就是要讓她付款。」後來，財務說：「你今天回去吧，我要去銀行，不可能處理你的事情。」我就要求自己開車送她到銀行，就在銀行等著。她看到我如此執著，出來時就說：「明天開好發票來找我吧。」

所以，如果我們把心專注在是否實現目標上，而不是放在「他怎麼針對我、整我」上，如果你確定目標，全心投入，那麼老闆或者客戶說你兩句就都不是什麼重要的事了，因為你知道自己為的是什麼。

世界那麼大，一顆玻璃心怎能走得遠？請勇敢打破玻璃心，鍛鍊自己的心理韌性吧。

小結

這篇分析了職場新人常常遇到的玻璃心的問題。我們的玻璃心是來自過強的自尊心、不準確的評判和過於敏感。

要想克服玻璃心就需要有「心理韌性」。心理韌性有四個成分，需要在挑戰、自信、投入和自控方面長期修練自己。

當覺察到有玻璃心出現，就使用三個轉念訣竅：

第一，從「我委屈」轉變為「我接納」；

第二，從「老闆罵我」轉變為「老闆期待」；

第三，從「怎麼對你」轉變為「怎麼實現目標」。

延伸思考

回想一下曾經自己玻璃心的時刻。用這篇講到的三個轉念法，思考一下如果是現在的你，怎麼做會更好呢？

有機會，不敢上，如何突破不自信？

有一次我在客戶公司看到，老闆想指派一位年輕工程師 A 去對客戶講解方案，他連忙推託：「我不行，我是技術職，又不會講話也沒經驗，不然讓老李去吧。」

他出去後老闆跟我說：「不就講解個方案嘛，年輕人這點自信都沒有，本來還想看看能不能培養成專案經理呢，現在看來時機暫時還沒到。」

也許你是真不敢上，也許只是謙虛一下，老闆卻覺得你不夠自信，這種感受的不對等，可能會直接影響到老闆對你的評價，甚至關乎你的職涯發展機會。

所以，職場中還是要靠自信去爭取機會，雖然關於這個古老的話題我想你也聽過不少勵志語錄，但我發現缺乏自信依然是很多人的困惑。

其實我發現很多不自信是來源於我們過多的內心戲。首先，分享一下，通常我自己面對挑戰時會有什麼反應，看看你是不是也有類似的內心戲。

等待戲：「我能力不足，等我準備好再說吧！」

一個人的自信程度與能力確實是正相關的。當我覺得自己沒法遊刃有餘應對的時候，我第一反應就是，「既然能力不足，那等我準備好了，提升能力後再說吧！」後來，我發現，人生中就沒有「準備好的時候」，機不可失，時不再來。自信這個東西一半來自能力，一半是還沒準備好卻被推下去，在一次次摸索中被補充填滿的。如果你一直等待，那就根本沒有機會填滿那50%。

所以，不要等到準備好，嘗試冒險一次吧。

比較戲：「我達不到要求，別人肯定比我做得好。」

一個人的自信程度來自於比較。怕達不到要求那是跟期待比較，別人肯定比我好那是和別人的比較。那我真的是那麼糟糕嗎？真的是不如別人嗎？其實，未必。一個自信的人假如說他是 100 分的話，他會為自己打在 90 分到 110 分之間；一個自卑的人可能自己明明有 90 分，但是只為自己打 60 分。

那這種時候，老闆們又是怎麼想的呢？

有個大型教育機構的創始人曾經也是一個十分自卑的人，他是怎麼解決的呢？他做的第一件事就是思想解放。所謂的思想解放，其實就是「我不跟你們比了」，當他意識到「我就是我，我跟別人不一樣」的時候，就變得越來越有自信了。

所以，你就是獨特的你，不要自己為自己打低分，也不要跟別人比較，勇敢挑戰，享受過程吧。至於結果，那就盡人事，聽天命吧。

恐懼戲：「萬一我做不好怎麼辦？」

一個人的不自信與害怕被評價有關係。我們害怕萬一做不好，被給予不好的評價，也就是害怕失敗。且不說，你不嘗試怎麼知道會失敗，就算失敗了，那又怎樣呢？

《哈利波特》(*Harry Potter*) 的作者，著名作家 J.K. 羅琳 (J. K. Rowling) 曾經被 12 家出版社拒絕，卻一直堅持寫她的故事。在一次哈佛畢業典禮演講中她說，生活是困難的、複雜的，超出任何人的控制。一無所有讓你專注於夢想，挫折所得的知識讓你更加明智，困境的谷底成為重建生活的基礎，這些才是真正有價值的禮物，能夠使你歷經滄桑後更堅強地生存。

所以，接納失敗，感恩失敗，失敗是你生命中很好的禮物。

了解了阻礙我們的內心戲，我們可以成為什麼樣的更自信的自己呢？先看看老闆們心目中自信的樣子是什麼樣的表現。一起來想像，畫一個「自信的你」的自畫像。

遇到機會，主動爭取。

就像前面案例中說到的工程師 A，被委派時如果積極回應：「老闆，雖然我是技術職出身，也沒做過方案講解，不過我願意嘗試，請多指導我。」甚至，有時候當我們主動承擔職責說：「老闆，這次的方案讓我來講解，可以嗎？」相信只要你不至於太差，老闆都會給你機會，並覺得你很有自信。

面對任何人，不卑不亢。

曾有位老闆這麼評價我：「小蘭真自信，遇到誰都不怕。」確實，見到總統我也不會發抖，見到董事長也不會不知道手該放哪，在體育館裡對著幾千人演講也不會說不出話來。不是因為我自己有多厲害，而是我一直認為「他們有他們的世界，我有我的榮耀！」每個人的人生都沒有可比性。另外，在其他人面前不去拿任何東西來顯示自己有多厲害，能夠保持謙遜，我個人認為也是一種自信。

面對問題，從容不迫。

試想一下，如果你的工作經常出錯，亂了方寸，你自己都對自己沒自信，更何況老闆呢？當我們面對林林總總的問題時，有著泰山崩於前而色不變的淡定，可以有條不紊地解決問題、胸有成竹地去執行的時候，那就是自信的你。

有了自信的自我認知就有了努力的方向，就知道了自己的差距和修練的目標。那作為切入，該如何開始塑造自信的自己呢？

第一，先從「看起來自信」開始吧。

曾經的我是 75 公斤的胖女孩，然而當我減肥成功，穿上幹練的套裝，以優雅的妝容、得體的微笑受到同事和客戶的讚美時，工作上的自信度也增加了。

這是有科學根據的。研究發現，好看和自信的打扮，包括挺拔的站姿、堅定的眼神、洪亮的聲音、自如的手勢、輕快的步伐等都能讓人看起來很有自信，而看起來有自信之後，久而久之就真的變自信了。

所以，建議你可以先購買一面鏡子，從得體打扮、自信微笑開始練起吧。

第二，從小小里程碑開始。

我自己曾是個 800 公尺都不能跑完的人，所以當我一口氣想跑 20 公里的時候，基本上我對自己是沒有信心的。但是如果為自己設立 2 公里、5 公里、8 公里這樣里程碑式的目標，完成過一次目標之後下一次就不怕了。然後，我就能告訴自己「我可以」。

這種分解目標和流程的方法被史丹佛心理學實驗室在克服恐懼症的實驗中證明過。透過這種自我引導，體驗小小的成功，就會讓我們從恐懼到熟悉，再到驚喜。這是一個克服恐懼、建立自信的好辦法。

第三，跌倒，起來！然後重複！

請你回想一下小孩子是怎麼學習走路的。是誰訓練過他堅強站起來嗎？不是！是他自己透過模仿父母走路，嘗試之後不斷跌倒，然後站起來，再跌倒再站起來。終於有一天，他從這些跌倒中訓練了肌肉，掌握了平衡，真正站立並邁開人生第一步。

其實，我們自己又何嘗不是這樣呢？我們天生就有這個基因，從痛苦中學會堅強，從打擊中突破自己，成為更好的自己，更強大的自己。所以，能夠讓你自信的肌肉，都是在一次一次的撕裂中練出來的。

所以，在跌倒和重複中提升能力，成為更好的自己，就是走向自信的避不開的過程。

我每次去企業講課，都會發現 80%以上的人會選擇後排位置就座。也許是希望自己不太顯眼，也許是不敢大膽往前坐，但其實都是不夠有自信的表現。我希望更多的人能夠自信地主動爭取機會，告訴自己「我可以，如果現在不可以，未來也一定可以」。

小結

這篇強調了職場中「自信」的重要性並介紹了提升自信的方法。

之所以缺乏自信，是因為自己的內心戲，包括「自己認為能力不足」、「害怕比較」、「恐懼失敗」。所以，要勇敢給予自己嘗試的機會，自己定義自己的價值，勇於面對問題、解決問題。

有了這樣的信念，你可以從三個方面切入，訓練提升自己的自信心：

第一，從「看起來有自信」開始；

第二，分解目標，從小小里程碑開始，告訴自己「我可以」；

第三，像小孩子學走路一樣，跌倒，起來！然後重複！

延伸思考

找一項工作或生活中的小小挑戰，設一個里程碑式的小目標，嘗試運用文中的方法鼓勵自己，開始突破它。

工作煩，總生氣，如何搞定負面情緒？

有一次和客戶的員工們一起開研討會，有位同事因為跟我們意見不合就開始非常生氣，激動之下還拍桌子，甩記事本。為了緩解氣氛，我們只好暫停會議稍作休息，席間老闆跟我們說：「你們別介意，這個人平時對同事也是經常發脾氣，人並不壞，就是情緒一上來自己控制不住。所以，雖然業務能力不錯，但也一直沒有將他升為主管。」

工作中，你的情緒不僅影響到氣氛，甚至還可能會影響到老闆對你的評價、你的團隊關係以及職涯發展。所以，情緒管理是一門非常重要的必修課。

據說，哈佛商學院最受歡迎的課不是金融，不是經濟學，而是正向心理學。在我上 MBA 期間，在學校裡這門課同樣也很受歡迎。為什麼這門課那麼熱門？正是因為，在快節奏、高壓的職場裡的你，又或是每天走鋼索般的創業的你，都會在工作中遇到負面情緒。

那負面情緒在職場中有哪些影響呢？我們隔空來進行一個角色扮演遊戲。

請你想像一下，眼前的你此時此刻就坐在老闆的椅子上，看著對面狂發脾氣的員工，來回答接下來的三個問題。注意，現在你是你老闆的角色。

第一個問題：當員工向你發脾氣時，你有什麼感受？

你會覺得舒服嗎？你會覺得他理解你嗎？你會覺得他尊重你嗎？在此刻的感受下，作為老闆的你能安靜地聽進去對面的人在說什麼工作議題嗎？

溝通中「如何說，比說什麼更重要」，如果用鬧情緒的方式表達不同觀點，其實溝通效果並不會理想，對方也很容易捲進情緒漩渦裡。職場中，老闆不是老爸老媽，沒有義務也不可能對一個鬧脾氣的小孩耐心地安撫和講道理。

第二個問題：情緒化的員工，你會覺得他專業嗎？

昨天跟男朋友吵了架，今天上班打不起精神，明天就請假不上班。

遇到投訴就焦慮到不行，乾脆請個病假人間蒸發。

同事之間遇到個小分歧，就怒氣沖沖找老闆理論。

你覺得這樣的員工可以委以重任嗎？

顯然不會。老闆會覺得：

1. 你不夠專業，工作之外的一些情緒太容易影響工作。

2. 你能力不足。面對問題和挑戰，找不到解決辦法才會很焦慮。

所以，公司不是情緒垃圾場，鬧情緒解決不了問題。

第三個問題，你覺得負能量的員工對團隊合作好嗎？

有人天天抱怨：「錢少事多離家遠。」、「隔壁 A 公司還有出國旅遊福利我們都沒有。」這些抱怨會影響同事都跟著沒心情吃飯。

有人還天天唱衰：「這個專案我們肯定標不到，那個進度我們肯定無法完成。」、「今年行情這麼不好，我們肯定撐不過去。」

團隊中的負面情緒如同「病毒」，會蔓延到整個團隊中，無法讓大家團結一心——面對目標士氣昂揚，面對挑戰勇敢前行。這樣的病毒肯定不是老闆想要的。

所以，老闆希望你能夠為團隊帶來一束陽光，帶來正能量，而不是霧霾的空氣。

既然老闆不喜歡情緒化的員工，那麼我們就要開始學會管理負面情緒，以更加正向的心態應對工作中的問題。

其實，我們所遇到的客觀事件本身並沒有對與錯、好與壞。情緒，來自我們大腦中的認知和信念導致的一些評判，而不是事情本身。我們自己常常有不合理的信念，只是我們從來沒有意識到過。分享一下比較普遍的三種信念模式，看看自己有沒有「中招」。

第一，「必須」模式。

我們常常將「希望」、「想要」等意願，絕對化為「必須」、「應該」或「一定」等極端的要求和標準。

比如，「我必須比別人強」、「別人必須對我好」、「定下來就一定不能改」，等等。這種不合理的強迫信念不僅引發焦慮，而且當與現實相悖時就會讓我們感到難以接受，非常容易鑽牛角尖而出不來。

第二，「總是」模式。

回想一下我們是不是常常把「有時」、「某些」等同於「總是」、「所有」呢？

比如，「對面那個同事總是針對我」。

「財務部總是卡我們報的帳。」

「所有男人都不是好東西。」

這樣以偏概全的指責會引發敵意，包括我們對自己。有些人犯了幾次錯，就沮喪地認為「我總是犯錯，我什麼都不行」，全面地否定自己。

第三，「極端」模式。

比如，「我沒考上大學，一切都完了」。

「這次沒當上處長，再也不會有前途了。」

「這次專案失敗，我們以後再也沒有翻身的機會了。」

這種糟糕至極的信念，很容易讓人一蹶不振。

可能很多人都沒有意識到，這些藏在腦海裡的信念模式就是導致負面情緒的根源。那該怎麼破除這些負面情緒呢？情緒管理中，有一個方法叫「紅綠燈法」。

第一步，紅燈亮：覺察到自己的情緒，並接納它。

達爾文（Charles Darwin）在《人類與動物的感情表達》（*The Expression of Emotions in Man and Animals*）一書中提到，負面情緒提供了快速預警和自我保護機制。如果沒有恐懼，我們面對危險就不會逃跑；如果沒有憤怒，就不會與敵人戰鬥。其實，負面情緒也有它自己的正面意義。

所以，首先要覺察到自己的負面情緒，並接納它是人類的一個正常反應。然後，如果你能夠感受到自己的情緒已經過度了，就主動亮紅燈，給自己片刻的暫停和深呼吸。因為，當你陷入情緒的漩渦裡，你無法做出正確的決策，更不能理智地解決問題。

第二步，黃燈亮：正確地表達情緒和期待。

管理情緒的關鍵在於怎麼表達。生氣了就激烈地罵人、砸東西？鬱悶了就消極地不說話、玩消失？情緒背後是不被滿足的期待，是不合理的信念。所以，我們可以以更適合的方式抒發自我情緒，或者真誠地告訴對方自己當下的感受，以商量的方式表達真正的期待和需求。

同事資料給晚了，你很生氣就怒吼：「就因為你總是這麼晚才給，我們的報告才做出不來。」這樣發脾氣肯定會讓對方也生氣，更加不配合你。如果你以商量的方式表達感受和期待，如「親愛的，報告截止日期快到了，我很著急，都開始焦慮了，你看可不可以幫忙先處理一下那部分資料給我？」這樣，同事自己反而會覺得內疚，一般不會拒絕。

所以，不是讓你一味地壓抑情緒，而是應該用正確的方式表達訴求。

第三步，綠燈亮：正面地轉身。

我們的情緒來源於不合理的信念，那讓我們換個方向，將負面的信念轉化為正向的信念，多加訓練，開啟正向模式。

出了錯，怎麼辦？金無足赤，人無完人。

總被罵，怎麼辦？這時候恰恰是我在成長時。

受委屈，怎麼辦？塞翁失馬，焉知非福。

是人都有情緒，但不能被情緒左右。改變了不合理的信念，斷了「必須、總是、極端」的信念模式，找到正面轉身的方向，看世界的心情也會大不一樣。

小結

這篇講述了如何解決負面情緒，如何管理自己的情緒。所有團隊都需要帶來正能量的、能夠控制情緒的員工。情緒來源於我們「必須、總是、極端」的不合理的信念模式。當負面情緒來的時候，你需要情緒「紅綠燈」：紅燈亮，覺察自己的情緒，並接納它；黃燈亮，用更加平和的合理的方式表達自己的感受和訴求；綠燈亮，將負面的信念轉化為正面的信念。

延伸思考

最近有沒有讓你生氣的事情，回顧一下，如果是現在的你，可否運用「紅綠燈法」處理得更好呢？

總緊張，想迴避，如何克服社交恐懼？

在我的「管理溝通」企業內訓課中常常有不少學員說：「我覺得我就是腳踏實地做事的，不擅長跟人打交道，一跟人聊天就很緊張，有壓力，很想迴避。」

而老闆們覺得：「你不會跟人打交道怎麼行？沒有誰可以單打獨鬥的，哪怕你是技術職，也需要對內對外的資源配合你，所以每個人都需要具備職場社交的能力。」

為什麼有些人不願意甚至恐懼職場社交呢？比較典型的有三種心理活動，看看你自己屬於下列哪類人。

第一類，孤傲系。

「我做好工作就行了，還要顧什麼社交和人際關係嘛，沒必要，不願意。」

這類人只把關注點放在「做事」上，覺得與人打交道浪費時間，沒必要，極端一點的同事甚至不怎麼融入團隊。

第二類，尷尬系。

「我該怎麼切入話題呢？不知道說什麼，好尷尬。」

你是不是屬於到了社交場合渾身不自在，倒也不是不想交流，主要是不知道該怎麼切入，一開口也很容易把天聊死，所以斷定自己不善交際，嚴重的會導致社交障礙，索性就迴避這種場合。

第三類，自尊系。

「別人都那麼強，我什麼都不是，我認了。」

你遇到「強人」時，是不是覺得人家都那麼厲害，生怕自己說些弱弱的話被人瞧不起，或者常常有那種在一個局裡沒法插話，自己都沒有存在感和價值感的經歷？久而久之，也就缺乏信心了。

其實，這些心理活動我自己都曾經經歷過。後來在我開始研究優秀管理者的勝任能力的過程中，我發現不關注「人」的因素，只關注「事情」的人往往都很難升級為優秀的管理者。也有統計發現，善於職場社交的人，獲得資源和發展的機率會更高。

其實，職場社交關鍵的三個價值在於：

第一，社交可以為你打開一扇門。

你覺得「社交無用」，其實有時它會幫你打開一扇門。這扇門有可能是一次工作機會、一項合作資源、一個新的領域等等。

比如，我進入培訓產業，就是因為在歐洲旅行時認識了一位聊得很愉快的朋友，他介紹了他的前老闆給我；而第一次接受專訪，則是在一場公益活動中認識的記者寫的。

所以，請留意社交中的資訊和機會，有時也要主動釋出需求和求助，說不定有貴人相助。不過請注意，固然職場多少帶有功利社交的意思，但如果你的交流純粹是為了交換利益，那不僅你會得不償失，而且其實對方也能感知到，並不能建立好真正的人脈關係。

所以，讓「無用關係」為你打開一扇「機會之門」吧。

第二，社交網路可以成為助力職涯發展的高速公路。

你覺得「我表現好」就夠了，但職場需要「大家連結」。

所有的工作都不是孤立的，即便從事自由職業也需要團隊來合作。比如，就拿我的一個線上課程來說，就是我和合作對象在無意的聊天中碰撞出來的。後來，團隊分工合作，包括專案的整體策劃、內容編輯、通路商務、App 營運、音訊影片的錄製等一系列的事情都需要夥伴們一起溝通協同。我和他們透過吃飯、聊天，一起深入挖掘使用者需求，分析出我的特質，因此我們做線上課程的速度提升了很多。

職場中包括團隊的老闆、同事、下屬以及外部的合作夥伴在內的關係網路，就好比職涯發展中的基礎建設，如果平時就建設好高速公路，等你進入賽道時就會很容易加速。

第三，社交幫你畫更大更多的圈。

耶魯大學校長在一年畢業典禮上的演講題目就是「畫更大更多的圈」。他認為，如果你只喜歡和有相同故事、類似觀點的所謂朋友相處，那麼你的世界就會很窄。透過畫更大的圈，了解和包容不同人的觀點，不斷補充認知，會讓你拓展新的世界。他還分享說，透過對音樂的熱愛他建立了超出故鄉、學校和專業的另一些交際圈，這種不局限於工作的更多的圈，可以成為消極時的緩衝器，也為豐盈的人生提供了更多可能性。

所以，有價值的社交，能幫助你拓展認知圈，讓你更加包容和理解這個世界，甚至給你更多人生的可能性。

了解了職場社交的價值，那麼我們在具體的職場社交中該如何切入話題避免尬聊呢？分享一個「別具匠心」社交法。

「別」：關注別人和讓別人關注你。

首先，我們要關注別人，找到共通性，因為人類本能地都喜歡同類。比如，大家常常問：「你是哪裡人？哪個學校畢業的？」其實都是在尋找共同點。如果你透過資訊和傾聽，能夠發現更多共同點，就能很容易地切入話題並產生共鳴。

其次，如果你希望別人關注你，那就要展示特性。比如，做自我介紹時，如果你只是不痛不癢地說我是誰誰誰，在哪裡工作，那你很可能就會被埋沒在人群中。如果你能介紹自己的獨特標籤，比如，你是最會做菜的工程師，或者你的獨特經歷，例如當過志願役、駐外非洲什麼的，或者是愛好，例如喜歡潛水、烘焙都行，那麼獲得別人關注的可能性就會更高。

有人會說，我就沒什麼特別的，那你需要換個視角看自己。每個人都有亮點和優勢，只是你沒發現或者沒覺得有價值而已。

「具」：以讚美具體亮點為切入點。

社交中，開場切入話題的一個很好方式就是讚美他人。別覺得這是拍馬屁，如果讚不好那是拍馬屁，讚好了會讓大家都很舒服，因為每個人都需要被認可、被尊重。為了不成為拍馬屁的人，讚美具體的事實和亮點就很重要了。

比如，「你很漂亮」就可以改為「你今天的飾品好別緻，在哪裡買的」或「你今天臉色看起來特別好，最近一定有什麼好事吧」。

「你太厲害了」就可以改為「你今天報告裡那句……真的一語中的，真有見地」或者「聽說你這次在 500 人裡成了銷售冠軍，真的好厲害」。

有具體的事實、具體的數據，你的讚美就不會顯得虛。

「匠」：匠是專業的意思，所以最好請教對方擅長的問題。

社交中，大家都願意聊自己的專長或者擅長的話題。

當你不知道自己該如何切入時，可以請教對方擅長的專業領域的問題。

比如，「你是人力資源專家，我現在遇到……問題，可不可以給點小建議呀？」

「聽說你是旅遊達人，我下個月想去離島旅遊，有沒有好的推薦？」

「看你平時跑步健身，想問什麼時段健身比較合適？」

請教問題既展開了話題，又給了對方面子，自己也不需要長篇大論。

「心」：誠心和虛心，外在表現就是保持微笑，保持好奇。

大家以為社交就是要有很好的口才，其實不然，不是必須很會聊才受歡迎。你不需要侃侃而談，長篇大論，而只需要保持微笑，保持對對方的好奇，傾聽他人的故事，給予及時的回應和讚美，你會很神奇地發現，不用多說話也可以獲得對方的好感。

最後，其實無招勝有招，如果我們帶有一份真誠的能量，其實不需要用什麼技巧，就可以感染你周圍的人，也可以吸引到願意與你結交的人。祝願你邁過對社交的恐懼和偏見，開啟正確的社交模式，建立和拓展自己的職場人脈圈。

小結

這篇闡述了職場社交的價值和切入話題的方法。

職場社交可以幫你展開新的機會，加速你的發展，讓你接觸到更大的世界。

所以，請放下你的孤傲，克服你的尷尬，跨越你的自尊，挖掘社交的價值吧。

如果不知道該如何開啟社交模式，那請用「別具匠心」法則，透過關注對方、讚美他人、請教問題並保持真誠與好奇心來幫自己突破社交尷尬。

延伸思考

在下一次社交場合之前，想想如何用「別具匠心」法則切入話題，開啟社交模式。

很迷惘，很浮躁，如何解決職涯發展焦慮？

在我做個人成長的教練輔導時，朋友和學員們問得最多的問題就是關於職涯發展的困惑。

「我感覺不喜歡現在的工作，要不要換工作？可是我又不清楚自己的職業目標，對未來好迷惘、好焦慮。」

當你帶著焦慮的情緒工作時，你的老闆其實也是有感覺的。因為，這種情緒會讓你無法踏實地全心全意投入，會影響你的工作表現。

其實包括我自己在內的幾乎每個人，甚至是那些看起來光鮮亮麗的投資銀行員工都曾經經歷過或者正在經歷著職涯迷惘和焦慮，所以你不是一個人在焦慮。

我們首先來統整一下，是什麼讓我們產生了焦慮。

落差：理想很豐滿，現實很骨感。

本以為自己可以進入世界500大企業或上市公司，可是面試屢遭拒絕；

本來希望自己做有技術含量的工作，現實的畫面卻是做著端茶倒水、賣場理貨、資料輸入等枯燥的工作；

本以為熬個兩年就能升遷，結果到現在還是「苦哈哈」的基層員工一枚。

你發現，這個世界根本沒有錢多、事少、離家近的工作，更沒那麼容易給你一條快車道，讓你一切都順風順水。

比較：沒有比較，就沒有傷害。

大學畢業五週年聚會，突然發現同學已經升為經理，月入近十萬；同時進入公司的部門同事都升遷成為自己的上司了，也沒覺得他有什麼特別；工作了幾年之後發現，連自己的後輩都要超過自己了。

你發現，論資排輩的時代已終結，不知不覺自己就被超車了。

未來：沒有目標和熱情，未來也不確定。

隨便找份工作賺點錢吧，可是這種工作找不到熱情和熱愛。找真愛吧，卻不知道目標是什麼，找不到讓你覺得一輩子要投身的事業。還有，一想到未來還要買房子、養孩子、照顧生病的父母，覺得未來也很可怕。

發現了嗎？嚴峻的現實、殘酷的競爭、看不見的未來，就是造成我們焦慮狀態的元凶。其實，在企業發展過程中，老闆們也面臨著企業的現狀、競爭和未來的風險等困惑。那他們有沒有什麼法寶可以應對這些問題呢？

首先，為什麼老闆們似乎個個都是打不死的小強？

有位大企業老闆在公司上市前，還在街頭發傳單給路人。在創業之前，他也是成功帶領前公司上市的專業經理人，從頭再來創業，初期也是很辛苦的。他在一次採訪中說：「其實過去我遭受的挫折非常多，我覺得幫你度過挫折和坎坷的，第一肯定是夢想和信念，你有這個東西才能讓你真正內心無敵。」

所以，你覺得工作很苦，但有了夢想就能快樂地做別人覺得苦的事情。

其次，為什麼有些人比別人更快地成功？

一門有關「產品思維」的課程中提到，講師在 10 年前畢業於同一所大學的兩個同學，一個進入鋼鐵企業，一個進入數位產業，兩個人的發展和成長速度絕對是不一樣的。固然，每個人的成功是綜合因素作用的結果，但順勢而為確實會對你的發展發揮重要作用。

所以，跟著「時代大趨勢」的「面」一起飛起來，而不是在你自己的一個「點」上硬碰硬，很重要。

再次，他們不懼未來，不怕死嗎？

全球最大的手機攝影機製造商的董事長曾跟我說：「別看我們已經做到全球最大，但我每一天都在思考死亡，思考死亡是為了更好地活著。」這家已經承攬蘋果、三星等著名品牌手機內建攝影機的製造商，就是因為在最輝煌的時候思考死亡，準備抵禦風險，成功開闢了汽車安全領域，才得以在智慧型手機出貨量急遽下滑的大趨勢下也能繼續保持成長。

其實每一個個體又何嘗不是這樣呢？這年頭，沒有鐵飯碗，所謂鐵飯碗就是去哪裡都能混飯吃。所以向死而生，全力以赴，提前布局就是最好的擁抱未來的方式。

老闆們用夢想抵抗挫折，用順勢加速發展，用提前布局準備未來，這些思維其實都可以用來解決我們自己的職涯發展焦慮問題。所以，我們借用老闆思維總結了解決職涯焦慮問題的三部曲方法論。

第一部曲：找到幸福工作的大方向。

通常有人建議要找職涯目標，而我覺得如今世界變化太快，某個職業的好壞也隨時都在發生著巨大的變化，像自媒體、網紅等過去根本沒有的工作都應運而生。所以，不一定直接定死一個職業，而是定一個大方向。只要在大方向上相對一致的工作都可以嘗試。

這裡我們分享一個正向心理學研究的模型。請你拿一大張白紙，依照下面的說明畫三個圓圈。

第一個圓是價值圈，就是你在乎什麼，比如金錢、名譽、成長、愛、自由都行。

第二個圓是快樂圈，什麼讓你快樂，比如，對我而言，授課分享、幫助別人是一種快樂。

第三個圓是優勢圈，你擅長什麼，比如，資料分析、溝通能力、說服力等，圈圈裡的形容詞或名詞越多越好。

最終的目的是找到這三個圓圈的交集。三個圓圈的交集雖然不是一個單字，或者直接告訴你某個職業，但它可以幫你找到幸福工作的方向和標準。比如，幾年前我做完這項測試後出現在交集裡的詞是「自我成長和幫助別人成長」，所以我就決定致力於和管理相關的教育方向和公益方向。定了大方向，當我遇到一些工作機會的時候，我就能淡定地選擇和放棄，且對自己的決策篤定。

第二部曲：找到職業錨。

職涯發展如同航海中的船，當它在一個時期沒有目的地地漂流在海上時，就會很容易隨波逐流，所以，我們要在上面確定的大方向裡，找到更為具體的職業錨。

比如，「這三年我就要在網路營運裡深耕」、「未來五年我要在人力資源領域裡成為最全面的專家」，或是「未來三年我要在教育領域裡開始創業」。當你確定了職業錨後，就熱愛它，全身心投入，這時就會很容易出成績。即便哪一天你拔錨駛向下一站，設定下一個時期的奮鬥目標也是可以的。

第三部曲：把當下的任何工作做到極致。

講個故事，十多年前在世界經濟論壇入口處，一個女生積極地為上千個參會人員印名牌。印名牌看起來毫無技術性，但她積極地接待每一位嘉賓，把各行各業來賓的姓名、公司抬頭、照片等資訊都盡可能地記住，還現場幫助企業解決問題，把這份工作做到極致。不忙時也翻開日程議題了解學習，還認真聽論壇做筆記。

這就是我自己當「菜鳥」時的真實寫照，後來正是因為對嘉賓的準確了解，對議題的熟悉，我得到了為美國前總統老布希、世界經濟論壇主席史瓦布以及政府單位等領袖擔任翻譯的機會，也勝任了寫新聞稿給媒體的工作。兩年的時間我很快成為亞太地區專案主管。

我的體會是只要帶著積極的心態、思考的大腦，任何簡單、煩瑣、無聊的工作都有可以發揮你價值的空間，機會也就會隨之而來。

當我們有了大方向，有了職業錨，快樂地做當下的工作時，就不會覺得焦慮，也不會在乎暫時的輸贏。心安定了，工作自然會更加得心應手。

小結

「職涯發展焦慮」是我們在職涯發展旅程中必然會遇到的階段性狀態。如果你暫時沒想清楚，也不用過度焦慮，可以試試這個「三部曲」的方法：

第一部曲，不斷思考，為自己找到幸福工作的大方向；

第二部曲，在一定時期內，確定職業錨；

第三部曲，把當下的任何工作做到極致。

在我們用寬鬆的心態接納焦慮的同時，我們也要為不確定的未來提前布局，不斷提升自己，這樣無論未來如何，我們都可以淡定從容地面對。

延伸思考

找個安靜的咖啡館的角落，認真地放一張白紙，畫一下幸福職業圈，就是價值圈、快樂圈和優勢圈，認真思考一下幸福工作的大方向。

03

你認為應該的 vs 老闆認為應該的

能力強悍，快速升遷，卻開始壓力山大？

在工作中，對於某些概念的認知，比如績效、薪酬，以及很多時候你認為應該的和老闆認為應該的，都是有差異的。包括同樣是市場主管的抬頭，你對工作角色的定位和老闆認為你應該充當的角色可能也是有差異的。

所以，我們先來聊一聊工作中關於「角色」的定位問題。

某學員傳訊息說：「我剛剛升遷，可是當了個小團隊的主管卻反而不知道怎麼工作了，老闆也很不滿意。」

我也聽過老闆們的困惑：「真奇怪，他本來能力很強的，怎麼當了主管卻不行了呢？」

其實，看起來做的是同部門的工作，但升遷後，其實是換了個「新角色」。你不能僅靠複製原角色的工作方式和經驗來工作，而是需要適應新的變化，升級認知與勝任能力。

那我們會面臨什麼樣的新的變化呢？新角色通常會面臨「三大變化」。

變化一：新定位。

據統計，60%的新晉管理者一年後的績效考核表現是不合格的。為什麼？原來你就像是一隻強悍的獨狼，現在給了你一群羊，而你看不慣慢吞吞的羊，根本沒耐心：「算了算了，還不如我自己坐好了。」其實，這是你沒能替這些羊定制訂目標和責任，你把自己累成狗，下屬卻沒什麼長進，整體業績也不見起色。

身為管理者，我們要在認知層面上升級，從「自己做」向「讓大家一起做」轉變，要知道老闆需要你成為領頭者。

變化二：新問題。

有一位企業的CEO說過：「我請你來是解決問題的。」過去，也許做好老闆交代的任務就好，現在你已經從一層爬到了更高層，你有沒有洞察和發現新層面的問題呢？

首先，你站在更高層，那就應該發現底層業務的新問題，並找到解決方案。

其次，你站在更高層，就應該思考管理層面的問題。從思考個人的業務問題，轉變為思考團隊協同的流程、管理問題。

所以，老闆需要你從被動「執行任務」轉變為主動「解決新問題」。

變化三：新價值。

在完成好既定工作的前提下，你有沒有為這個團隊帶來或創造什麼新價值呢？

比如，你是不是可以整合大家提出新的創意方案，突破以往固有的推廣方式？你有沒有推薦新的人才，讓團隊變得更強大？你能不能引入新的技術培訓，可以讓同事們一起學習提升研發能力？

總之，你有沒有帶著創新思維，改善現狀，提升業績，讓老闆覺得，因為有你，所以不同？

面對上面三大變化，老闆對於人才的勝任力的期待要求也發生了變化。雖然不同企業對每個人才的標準會有所不同，不過在未來人才需要具備的核心能力上，有四個方面的共性。

第一，從「專才」到「跨界人才」，需要快速學習能力。

有企業家說，人才要勇於創新改變。過去，一項絕招、一技之長就可以混一輩子。但現在，很多企業面臨變化，經常會讓一些員工挑戰新的領域。所以，即便你是專業型人才，在自己職位上也需要不斷學習升級，讓自己準備好跨界的能力。

第二，從「解題者」到「題目設計者」，需要分析與解決問題能力。

如今企業面臨的很多問題都是新的，是沒有正確答案的。所以，企業需要的人才是透過洞察，主動發現問題並解決問題的題目設計者，而不是等待老闆指示的簡單執行者。

第三，從「合格」到「冠軍」，需要創造性思維和快速嘗試能力。

很多產業每天都在被顛覆，使用者的要求也越來越高，激烈的競爭中人們只記住「冠軍」。因此，不是簡單要求合格地完成任務，而是要透過創造性思維和快速嘗試能力，迅速達到自我突破。

第四，從「業務」到「管理」，需要團隊溝通與協調能力。

從單打獨鬥到團隊合作，從業務到管理，我們都需要更加關注「人」，思考如何透過協同「人」來管理「事」的問題。

我們分享一個案例：客戶公司的一位產品經理，公司安排他負責產品設計研發的同時，還要他負責產品推廣。擔任新角色後，他透過市場調查和競爭分析，主動提出公司應藉助自媒體的力量進行差異化推廣。他主動向老闆申請組成自媒體營運小組，同時自己快速了解學習平臺、技術業配文撰寫、自媒體營運等知識。當他成為產品經理裡最懂自媒體的、自媒體營運裡最懂產品技術的，老闆必然會重用，沒過多久就晉升為產品總監了。

看到了嗎？當你在新角色裡快速學習、主動發現問題、創新地解決問題、與老闆溝通、與團隊合作，就能做出成績來。

你可能會說，我也想快速轉變，可不知道從何著手。建議當你升遷或者擔任新角色時，先不要盲目匆忙地按老方法往前衝，新人要先請教「老人」，也就是老闆、老前輩和老員工與老師。

第一，老闆，是最好的 GPS 導航儀。

你要清楚地理解他對這個職位未來工作的期待。如果你已經有了對未來角色的定位和設想，那麼最好提前溝通清楚，達成共識，並請求支持。如果你的想法不完善，或者不清晰，你也可以讓老闆幫你釐清，並給一些建議和提示。

第二，老前輩和老員工，是最好的儀表板和歷史資料。

如果這個職位有前任，要是可以的話，和前任溝通，交接以前的資料，請教經驗，看看有沒有什麼坑需要避開等等。如果沒有前任，那就找其他做過類似事情的或者同一個團隊的老員工，聽聽他們對現狀和未來的看法和建議。

摸清楚歷史是為了創造更好的未來，探究歷史會幫助你找到新問題、新價值，這樣你才能做到與眾不同，也能超出前任到達新高度。

第三，老師，是最好的墊腳石。

快速學習和創新的第一步，是站在巨人的肩膀上。找到該領域的專家，有可能是資深同事，也可能是外部專家，或者是像我這樣的分享者們。這些人已經為你梳理好知識體系，可以幫助你快速建構知識樹，也許還可以啟發你不同的認知升級。

有些公司有「導師制」，如果沒有也沒關係，我每到一個地方都會暗暗找到導師，其實也就是「強人」榜樣，觀察他們如何思考，如何解決問題。從模仿到創新，這是很有效的成長方式。

過去百年管理強調「分工」，但現在管理強調「整合」。可以預見不久的未來，組織所需要的人才會越來越綜合和創新。企業對未來的人才要求是主動洞察、快速學習、創造性嘗試，透過團隊溝通創造價值，達成組織和個人目標。

小結

這篇是關於對「新角色」的認知不對等。當你進入新角色時，需要適應三大新的變化：

第一，從自己做變成大家一起做；

第二，從執行任務者變為題目設計者；

第三，為團隊貢獻新的價值。

所以，一旦你被任命為新角色，不要盲目苦幹，而是要先請教老闆、老前輩和老員工與老師，他們可以為你提供更實際的資訊，加速你的成長。

延伸思考

給予自己或身邊的朋友現在或即將承擔的新角色明確定位，找到新問題或者想出新想法，分別嘗試與老闆、老前輩、老師進行溝通交流，相信你有意想不到的收穫。

沒有功勞，還有苦勞，老闆憑什麼辭退我？

一位學員鬱悶地找我：「我為公司勤勤懇懇工作了將近五年，老闆竟然跟我談讓我離開，我沒有功勞，也有苦勞吧。」

其實，老闆們也不情願裁員，有一次討論裁員名單，我的客戶老闆就很痛苦：「小王平時工作態度很好，很努力，但績效總是不好，現在公司需要大幅降低成本，只能讓他離開。」

因為身處人力資源產業，所以我看到過很多公司的裁員，而且也親身經歷過。從大型企業到小公司，大部分都是會裁掉績效差的員工。所以，首先我們要搞清楚什麼是績效，如何才能在這個隨時可能面臨職業斷崖的時代，透過創造價值在公司立足。

首先，來分析一下，為什麼自己覺得很辛苦、很努力，卻拿不到優秀績效。那就首先要了解清楚績效的評判標準。通常情況下，老闆們是如何判斷績效的好壞的呢？

老闆不是看你「做了什麼」，而是要看你「做成了什麼」。

大家都看世界盃，在球場上，一位球員辛苦跑了 90 分鐘，流了一桶汗，卻一顆球都沒進，還被對手打得落花流水，甚至有時還進個烏龍球，喊苦勞有用嗎？沒用！

競技場上勝者為王，職場上也是如此。工作就是要有產出結果，不能苦哈哈地做 N 次無用功。當然，所謂產出也未必是直接賺錢，也許是你改進的新版本產品，也可能是你起草的制度、流程文件。

老闆不僅看你「做成了什麼」，還要看你「做對了什麼」。

比如，一家半導體公司的幾個業務辛苦跑了大半年，確實也跑出了幾個客戶。可是公司的策略目標是要從電源業務轉型到新能源業務，這幾個小客戶不符合轉型方向。同時，公司想要提升利潤，從 3,000 萬元跨越到 1 億元的門檻，而他們跑半天小客戶而非拓展管道模式，浪費了人力和時間。這就是所謂的做成了卻沒做對。

團隊的存在是為了達成團隊目標。你的辛苦是否符合公司整體目標就很重要。如果方向不對，你做成了事情那也是浪費了公司資源。

即便你「做對了」，也要看「成本」。

做任何事情都需要消耗資源，包括人、財、物等都是成本。比如，人力資源主管設計和安排了個培訓，固然主題是大家需要的，也請了頂級講師，學員回饋很不錯。但在一家小公司一天花十萬元，那是多奢侈的事情啊！

所以，做對的事也要考慮投入產出比。

有些老闆不僅看業績，還要看「人品」。

一些大型企業都在績效考核中納入價值觀考核。也就是不能為了追求業績，做違背公司價值觀的事情，更不能憑著自己「強」，影響了整個組織的管理和文化。這也是為什麼老闆在面對那些特立獨行的所謂「強人」時，在特定情況下，也會斷臂保全大局。

因為大部分組織是團隊作戰，比如，古希臘戰場中亞歷山大大帝（Alexander the Great）的馬其頓方陣之所以名震江湖，就是因為從步兵到騎兵所有人都緊密配合，而不是雜亂無章地單打獨鬥。

所以，在整體布陣中站好位置，並協同好團隊關係也是一種好的績效表現。

發現了嗎？你以為努力就好，其實你並沒有真正懂得老闆看重的價值。那所謂「價值」到底指的是什麼呢？

談到價值，在組織管理正規化中，我個人比較推崇日本「經營之神」稻盛和夫所倡導的「阿米巴經營」。其本質就是公司成為共創和共享價值的平臺，激發個體內在價值。其實，每一個個體何嘗不是一個阿米巴小組？也即自己就是一個創造價值、交付價值、需要控制成本、創造利潤的小組。

公司就是你的客戶，你需要持續創造價值交付給老闆。那我們需要創造什麼價值呢？你需要存到四張價值牌，如果你有了這些牌，企業就不可能隨隨便便拋棄你。

第一，財務價值。

顧名思義，就是你為公司要麼賺錢，要麼省錢，這是最直接的貢獻。

業務可以爭取訂單，財務可以理財、投融資，採購可以控制成本。如果你是在政府、非營利組織，也可以在增加財政收入、贊助募資等方面貢獻價值。

第二，資源價值。

你是否能帶來客戶、管道、技術專利等資源？很多投行招募富二代也是看中了他們這些方面的資源。當然，對於我們這種普通人來講，平時藉助工作機會經營好自己的人脈圈，未來關鍵時刻說不定還可以變現成為你的資源價值。

第三，團隊價值。

你是否是老闆最為信任、最得力的幫手，老闆一有重要事情就想到由你來承擔？或者你是否是意見領袖，你的離開甚至可以帶著幾個同事一起跳槽？這種人老闆動起來也是要考慮一下的。總之，你的存在，對團隊連結十分重要。

第四，成長價值。

都說人才是資產，但你是否正在加速折舊呢？

所有企業在發展過程中都會階段性人才換血。因為，初創期、成長期、上市等各種階段都需要不同級別能力的人才，如果你的成長沒跟上，那真有可能進入清理名單哦！

有了上述四張價值牌，我們如何在績效管理中展現自己的價值，贏得老闆的器重呢？有些人可能會認為績效管理制度就是用來考核的，但實際上，好好利用公司的平臺和機制，你完全可以累積自己的資本，為自己開闢職涯發展機會。

把績效指標當作風向指標。

很多公司都在用關鍵績效指標（俗稱 KPI）的方式來進行考核。實際上，老闆想要什麼，就會考什麼。所以，這就是風向指標。

如果不採用這種考核方式，那至少會有年度目標或者更長遠的願景，也許逐層分解到個人，或者團隊。那麼，目標和現狀的差距，就是你可以創造價值的空間，也就是你努力的所謂對的方向。

把績效溝通當成一堂課。

企業並不是閒著無聊考大家玩，引入績效管理制度也無非是為了改進績效，這難道不是最好的學習過程嗎？如果你所在公司用全面評價，讓你的老闆和同事為你評價，也可以相對客觀地看到未來你需要累積的關係價值在哪裡。

把績效考核當成一場秀。

也許小公司老闆一眼就能看到誰表現好，但在大組織中，如何脫穎而出，讓老闆知道你的價值呢？績效考核就是最好的機會。當然，你要呈現的成績並不是強調你多麼辛苦地加班，而是亮出你的老闆想看到的價值。

把績效紀錄當成一張牌。

績效結果通常會用以激勵，也就是作為升遷、加薪、評級、股份配發等激勵手段的評價依據。當然，連續的績效結果差，也會成為調職、減薪甚至裁員的依據。

所以，好的績效紀錄是在存交易的籌碼，如果沒有看得見的這些牌，你憑什麼讓老闆為你升遷加薪？又憑什麼在被動離開公司時談到更好的賠償方案呢？

當你左右不了公司的管理機制，就積極利用好管理流程，為自己立足於公司，增加職業價值、累積資本吧。

小結

不管公司是否有制度性的績效管理制度，每個人都會涉及「績效」。「績效」就是你為公司創造的價值，包括財務價值、資源價值、團隊價值和成長價值。

有了這四張價值牌，你可以讓績效管理機制為你所用：

一、把績效目標當作風向指標，明確自己工作的方向；

二、把績效溝通當作一堂課，改進自己不足的部分；

三、把績效考核當作一場秀，讓老闆看到你的成績；

四、把績效紀錄當成一張牌，以備應對勞動爭議。

了解公司需要什麼價值，再去努力累積自己在職場中的價值牌，相信你在任何平臺上都能站穩腳跟，創造價值。

延伸思考

對照四個價值，看自己還缺哪個價值，有沒有什麼改進的計畫？

辛苦一年，不漲薪資，老闆會為什麼買單？

「你對現在的薪酬還滿意嗎？」

這是我們做人力資源管理訪談時必問的一個問題。有意思的是，通常超過一半甚至更多的人會選擇「不是很滿意」，基本上沒人填「特別滿意」，大家都認為自己辛苦，需要漲薪資，可是老闆真的會為你的辛苦而買單嗎？

「薪酬」，在職場和管理中都屬於較為敏感的話題之一。對於薪酬高低，不同產業、不同公司也有不同的價值觀和做法。但身為員工，如果我們掌握了薪酬的原理和其中的部分規律，能夠有策略地工作，就能讓自己走上高薪之路。

首先，解答一下人力資源顧問最常被問的三個問題，看看你自己有沒有過類似的困惑。

兢兢業業當牛做馬，老闆應該調漲薪水了吧？

對你來說，薪酬，就是收入，越多越好。而對於老闆，薪酬，那是成本，是投資，投入產出比越高越好。這是永遠的拉鋸戰。

那麼這個平衡點在哪裡？就在老闆失掉你的機會成本。一般來說，核心員工離職會為企業帶來 1.5 ～ 3 倍薪資的損失。所以，你產出越多價值，老闆的機會成本越大。

在關於「績效」的篇章中，我們分享過你應該累積四張「績效價值」牌來換取加薪，也就是財務價值、資源價值、團隊價值和成長價值。

所以，老闆不為「辛苦」買單，而是只為你的「產出價值」買單。

過去一年我專案做得不錯，老闆應該調漲薪水了吧？

不好意思，那不算。事實上，你過去的成績固然重要，但那已經展現在你過去的薪資裡了。那什麼才算？

第一，未來能看得見的價值。

你過去是有功勞，可是你後勁不足，創新不足，能看得見你未來跟不上公司的發展。比如，通常很多老功臣，或者一些家族企業中的親戚朋友都有類似問題。

第二，穩定地創造價值。

比如，偶然有一個創意或一個客戶，老闆很可能只會發一次獎金紅包或別的福利給你。只有未來可預期的、可持續的穩定能力，老闆才會用漲薪水來留住你、激勵你。

所以請記住，老闆不為「過去」買單，而是只為「未來」買單。

憑什麼新來的小李都比我這個老員工薪水高？

從經濟學角度，入職時的定薪基本遵循「供需關係決定價格」的原理。

比如，幾年前蘋果 iOS 平臺上的技術人才，這兩年人工智慧、大數據方面的技術人才的薪水都漲得特別猛。大型頂尖企業在市場上橫掃人才，甚至連政府單位都打破自己的薪資體系，開了綠燈用高薪吸引人才，他們的薪資甚至比老闆還高。

所以，老闆是為資源「稀缺性」買單。我們要麼發憤圖強讓自己值錢，要麼就認了。

總結起來，就是老闆不是隨隨便便看誰順眼就幫他漲薪水，而是會為產出價值、未來價值、稀缺價值買單。

其實，我們每個人都是「產品」，薪酬就是一個時期的定價。你這個「產品」的效用和老闆這個「使用者」的需求越相近，就越能有個好價錢。所以，當你有機會「表演」，比如工作報告、年度績效回顧時，都不要忘了，拿出事實、擺出數據來讓他相信「你是品牌產品，過去很強，未來更厲害，而且市場上同類產品量少價格高，買你很划算」。

如果說老闆是你的客戶，那麼現在摸清了客戶需求，接下來看看老闆是怎麼看待這個交易的。關於薪酬，有如下三個定律。

定律一：薪酬是拿來吸引人的，但高薪想吸引的永遠是「高階」人才。

每間公司決定薪酬水準是有不同策略的。比如，有的公司採用的是領先策略，也就是同樣職位的薪酬高於市場大部分企業。別的企業給大學應屆畢業生 25,000 元，他就給 50,000 元來吸引高階潛力人才。也有些公司會採取跟隨策略，和市場保持差不多水準。也有那些只為某些關鍵人才提供高薪，其他都採取跟隨策略的公司。

但不管公司採取什麼策略，任何公司都希望吸引高階人才。所以，如果你是高階，如名校出身的學生會長、知名大型企業核心部門的專案經理、擁有專利的技術大師等，那恭喜你，你可以在市場價格漲到高點時選擇往高處走。但如果你只是普通人，有時只能靠「拼低價」來謀求有個位置，當然啦，開低走高的逆襲我也見多了，重點是你要不斷升級你的價值。

所以，能把國產車賣出勞斯萊斯的價格是你的本事，但快速升級成為真正的勞斯萊斯才有的高級配置才是王道。

定律二：薪酬是拿來留住人的，但幾乎沒有人是不可替代的。

雖然錢不是員工留下來的原因，但錢沒給到位，人們是要離開的。

想必有些人也用過「不漲薪水，我就走人」的招數。也許你成功過，但建議這招不到萬不得已盡量別用，即便用了也別經常用。離開了任何人，地球照樣是轉得了的。

所以想談薪資，可以！但請用正向的溝通方式，而不是威脅的談判方式。

定律三：薪酬是拿來激勵人的，但現金是有限的。

對於公司，薪資總額是要控制的。所以就出現了個概念叫「全面薪酬」，也就是除了經濟性報酬，包括薪資、獎金之外，還有廣義的報酬，比如，富麗堂皇的辦公環境、海外旅行、親屬保險、送你去進修等各種五花八門的福利。

所以，別總是只盯著現金，除了現金之外，別忘了拿你的「價值牌」還可以換取這些其他報酬。

其實，除了用「一哭二鬧」的方式對老闆耍賴要求漲薪資，大部分情況下，高薪之路是一個長期的系統性工程，需要從一開始找工作時就進行整體規劃，也需要透過有策略地工作，開闢出高薪的路徑。

路徑一：錨定好產業、好公司。

錨定什麼產業和公司，選擇甚至比努力還重要。比如金融、網路產業整體薪資水準就比傳統製造業要高。現金流充足或估值高的公司也是好選擇，試想一下，如果公司利潤不到 5%，怎麼可能幫你漲薪 20%？

不過，即便這樣，在工作選擇上，我個人還是不主張簡單粗暴地向錢看，只是當你在幾個選擇之間糾結時可以拿這個標準評估一下。

路徑二：選擇核心部門，提升職位價值。

我的一個朋友在 GE，原本做後臺技術支援，後來抓住機會去了業務部門，沒過多久升遷為主管，一年內收入翻倍，到第三年，就不是同一個等級了。

看到了嗎？橫向是進入核心部門，縱向就是基層員工升為主管。如果沒法調動部門，那就到所處部門的關鍵職位，成為關鍵人才。

因為，在薪酬設計中，「職位價值」是付酬的基礎變數，位變薪變。

路徑三：提升績效，挖掘潛力。

很多公司職位都分職級，升級了肯定漲薪。一般情況下，有的公司都會採用彈性薪酬設計，也就是同樣的職位，薪酬的最高位和最低位還是有差距的，這部分空間是可以透過高績效來爭取的。

你說，我們公司沒有績效薪酬體系，那你除了把工作做好之外，也許可以多承擔其他職能，比如，把會計和行政都一併做了。當老闆想到如果沒有你，還需要兩個人來替代你時，那你就做到了讓他相信用 1 ～ 5 倍報酬來用你比花 2 ～ 3 倍成本用兩個人要划算。

所以，即便職位不變，也讓自己成為公司不可或缺的高階人才吧。

路徑四：跟對老闆，賭長期回報。

有一間上市企業的老闆在創辦初期設定了三類彈性薪資：一、薪資；二、70％薪資＋股票；三、生活費＋股票。15％的人選擇了原來的薪資，70％的人選擇了「70％薪資＋股票」，還有 15％的人選擇了「生活費＋股票」。如今，公司上市後，0.1％的股份都會得到 1 億美元的回報。

薪酬是相對穩定的，但也是有限的，是有頂標的。這也是為什麼有人願意選擇跟隨創業者，因為一旦公司上市就會一下子賺回幾年辛苦錢。

這也是一場賭博，需要捨棄眼前薪資，搏一把長期的高回報。

最後，還要有情懷。薪酬固然重要，但絕不是我們工作的唯一目的和你的全部價值。所以，建議你追尋自己內心的熱愛和自己定義的人生價值，在那個領域裡做到極致，薪酬便是自然的回報。

小結

薪酬，對於個體而言，是「你」這個產品一個時期的定價。

想把「自己」這個產品賣好價錢，就要符合老闆買單所需要的三大價值：產出價值、未來價值和稀缺價值。

想獲得高薪，需要正確的選擇和長期的策略。你可以透過四個途徑來漲薪：

途徑一，找到高薪產業和公司，這是大前提；

途徑二，進入一家公司的核心部門或關鍵職位；

途徑三，成為公司的高績效人才；

途徑四，跟對老闆選擇創業，高風險，高回報。

延伸思考

對照老闆付酬的三大價值，看看你在哪些地方還可以有調薪的空間。

你是人才，卻沒機會，老闆真的不識千里馬嗎？

我們在招募會上看到滿滿的人，而老闆們卻喊著招不到合適的人。

有員工很不理解老闆寧可高價挖來管理者，也不肯提拔忠心耿耿的自己。

你覺得自己是個人才，老闆卻看不到你的價值。這樣的不對等背後，其實是對於「人才」的定位和認知不同。

那到底什麼是企業所需要的「人才」？首先，來看看公司裡有幾類所謂人才。

人才：才能的「才」，就是具有專業能力，單打獨鬥可以，但無法融入團隊或者成為團隊領導者。

人材：木材的「材」，工作態度很好，能力雖不夠但有潛能，是塊可雕琢的料，需要培訓和培養。

人裁：裁員的「裁」，要麼能力不行，要麼人品有問題，需要裁員。雖然有些人不一定馬上被裁掉，像長期領薪水不做事或做不好事，這些頂多能稱之為「人手」的人，根據企業經營狀況早晚也會被辭退。

人財：財富的「財」。有勝任力，有創造力和成長力，這種人為公司創造財富，也是公司的財富，這也是老闆們求之不得的真正的人才。

我們可以對號入座，看看自己屬於哪類人才。

通常，每家企業在不同發展階段，每個不同管理風格的老闆都有自己獨到的人才觀和人才策略。在小企業裡，老闆一眼就能看出誰是可用之才；在大企業裡，通常會透過人才盤點計畫來篩選人才標準，指導應徵，挖掘高潛人才，儲備幹部，等等。

我也參與過一些企業的人才盤點計畫，在做人才盤點過程中，就發現很多人有幾個誤解，我們需要澄清一下。

誤解一：老闆需要最優秀的人。

在做人力資源顧問時我就發現，職場新人或專業實力不夠強的人在求職面試、職位競聘中往往表現得不夠自信。

一間大型上市企業在早期，從不特別招募來自名校的工程師，他們公司裡最優秀的工程師，大多都畢業於非頂尖的大學。他們的老闆說：「平凡的人做平凡的事，我們不追求菁英文化。」確實如此，如果只招厲害的，不招對的，如同波音 747 引擎安裝在農耕機上一樣，不適合就是浪費。

所以，對於剛畢業或正在找工作的人而言這是好消息，你可以很自信地向老闆做個證明題：「我是你最需要的。」而不是「我是最強的」。

誤解二：老闆不識我這塊黃金。

你真的是老闆想要的黃金嗎？在員工訪談以及全面績效評價中，人們的自我評價往往高於他人評價。這在心理學上也有科學根據。

為什麼我認為自己做得很好，老闆卻不滿意呢？因為，你沒有真正理解和滿足老闆的期待，你的產出與老闆的期待不相符是所有公司裡都會遇到的問題，就這個問題，會在下一個主題「期待」部分詳細分析。

這裡想友情提醒，你自認為自己是塊黃金，也許老闆認為你頂多就是塊石頭。

誤解三：努力工作，老闆應該能看到千里馬吧。

人才是要為企業創造價值的。那麼在績效好的基礎上，今天我想說的是，在職場中，不是伯樂發現千里馬，而是千里馬要自己想辦法讓伯樂看到。

史丹佛大學組織行為學教授研究發現，那些與老闆距離更近，更能引人注目，勇敢地呈現自己成績的人更容易獲得提拔和權力。

所以，主動讓老闆知道你是千里馬，而不是等待被發現。

誤解四：業務能力強就會被升為管理者。

現實中，很多人都是從業務菁英升為管理者的。但實際上，管理者的勝任能力素養中更重要的其實不是業務能力，而是領導力和團隊精神。

比如，我曾經遇到一個技術特別厲害的研發菁英，論技術他絕對是天才高手，可是他非常孤傲，開會討論他不聽取他人意見，甚至還睡覺，同事們對他很不滿。另一位技術水準雖然沒他厲害，但可以號召和帶動團隊共同解決問題，所以就成為研發經理。

很多人誤認為，在被提拔前不需要具備領導力，等被升為管理者自然就會發揮了。實際上，是你先展現出了領導力才有可能被提拔為管理者。

所以，如果老闆不肯提拔你，或許是因為你沒能展現出領導力和團隊精神。

澄清了這些誤解之後，如何讓自己成為組織裡的關鍵人才呢？組織如同水池，如果你想如魚得水，發揮自己的潛能，成為對組織有價值的關鍵人才，就要像學游泳一樣學會如下四個基本動作。

動作一：選擇泳池，找到適合自己的企業。

首先要了解你所在的或者你將要去的企業的人才觀。公司會選擇招募什麼特質的人？推崇什麼樣的人作為優秀員工和儲備幹部？這些都能看出人才觀。

比如，某出版社認為「敬業踏實」、「團隊合作」、「專業嚴謹」是員工應具備的前三大通用能力素養。而一家房地產大數據新創企業會選擇「主動積極」、「拓展創新」、「資料分析能力」作為人才挑選標準。

發現了嗎？同樣的人，到不同性質和發展階段的企業，不一定都被認為是人才。所以，找老公老婆要觀念一致，找工作更是如此。

動作二：選擇泳姿，定位自己，做到極致。

不是所有人都願意當主管，也不是所有人都需要當主管。有些人是數字「1」字形人才，在自己專業技術領域裡深掘成為專家。有些人則是橫著的「一」字形人才，涉足跨界，斜槓青年。有些人則想成為「T」字形人才，既要專業也要擴展領域。沒有對錯，只有選擇。

所以，要先找到適合自己的定位，並按公司倡導的人才標準，尋找差距，透過不斷自我反省，做到態度上、能力上的極致。

動作三：主動擔當，發揮影響力。

即便你暫時不是主管，也要首先讓自己擁有領導力，這樣才能做好你的工作。

分享個小經驗，我們在顧問會議中，如果我把自己定位為下屬，那麼這個會議就成為「下屬將自己整理的資料上交，由上級檢查」的會議。但如果是把自己定位為領導者的會議，就會是「整理資料的我，為使自己的結論更加完善，向上級和成員展示成果」的會議，從而既呈現出自己的能力，也獲得更多資訊和團隊支持，這兩種效果是截然不同的。

所以，要勇於站在白板前，展現自己的優秀。

動作四：累積人品，獲得老闆和團隊的支持。

工作上，要學會聰明地對老闆提出要求。比如，邀請老闆站臺搞定客戶，你可以在提出解決方案時就說明希望獲得資源支持。即便被拒絕了也沒關係，這會讓老闆加深印象。

平時，你還要多累積人品。累積人品有效的方法就是力所能及地幫助他人，解決有價值的小事。比如，聚餐後順路送同事回家、幫助搬家、主動分享有價值的資訊之類。在同事中建立積極的個人口碑，這是你成為意見領袖，成為真正的領導者的群眾基礎。

總而言之，人才是組織中最寶貴的資產，老闆恨不得每一個人都是他所希望的人才。但現實中，誰也不是天生就是人才。利用好企業的平臺，找到適合自己的定位，主動擔當，不斷提升自己，相信所有人都可以把自己訓練成有價值的人才。

小結

人才，對於不同企業有不同的定義和標準。如果你不符合其需求，你自己再怎麼認為自己是人才，也無濟於事。

從另一個角度來說，在某種意義上每個人其實都是千里馬，關鍵是要找到適合自己的企業。

但光找到適合的企業還不夠，還要學會讓自己如魚得水的方法：

方法一，定位自己，做到極致；

方法二，主動擔當，釋放影響力；

方法三，累積人品，獲得團隊支持。

延伸思考

透過和老闆溝通，分析出你老闆的「人才觀」—— 他認為的人才到底是什麼標準。

不肯授權，總插手管，如何搞定「深井病」老闆？

你有沒有遇到過什麼事都不授權，親力親為，還管得特別細的老闆？

我就遇到過，他插手到什麼程度呢？他就站在我背後看我寫郵件，如果需要我跟誰聯絡，他會先要我模擬一遍臺詞。後來讓我負責個專案，說好讓我全權負責，然後又操心，各種過問。「說好的授權呢？為什麼上司總是插手呢？」剛開始我反感地消極應對，反正上司要改，就等著指示吧。

後來我才知道這種現象是公司中的一種病，俗稱「深井病」。注意，不是神經病，是深深的深，水井的井。意思是老闆不授權，插手太深，員工只會等待指示。

在很多公司，我發現無論是老闆還是員工，對於「授權」其實並沒有很清晰的認知，甚至有些誤解。很多老闆其實也想放手，也覺得管得很深很累，卻無法放手。那我們首先換位想一想，為什麼老闆不願意或不能放手呢？基本上原因有三。

原因一：不信任。

最典型的，很多私人企業老闆都會讓家屬或親戚朋友擔任財務負責人，並且超過多少錢必須要審批。我見過最離譜的是收入過億的企業，超過 5,000 塊就要讓董事長簽字才能支出，當然這種過度依賴老闆的公司必然走向衰敗。

原因二：不放心。

老闆說：「我也想授權呀，可是怕事情搞砸了。公司那幾個人能力不夠，還不到授權的時候。」還有人說：「我是授權了，可是拿上來的我得全部重做，還不如自己上手有效率。」也就是對員工的能力以及交付的結果不滿意、不放心。

原因三：不捨得。

曾經一個客戶老闆跟我說：「你們的確是讓我解放了，但現在下屬都不再打電話給我，說真的，反而讓我有點失落。」其實，老闆也需要存在感和價值感，當然也有一些大公司老闆需要透過塑造他的重要性，確保在組織中的地位和權威。

我的 MBA 指導教授、知名人力資源副教授曾說過，她為 EMBA 班上課，頻頻出去接電話的老闆通常都不如沒有電話騷擾的老闆管理企業管理得好。因為，公司離不開你，事事必須你來解決，說明管理機制沒鋪好。所以，在組織管理中「授權」是每一個管理者都需要學會的功課。

那身為一個員工，授權這事跟我有什麼關係呢？肯定有關係，甚至關乎我們自己的職涯舞臺空間。

首先，只有老闆授權了你才有機會發揮自己的才華；

其次，只有老闆授權了你才能親自上陣快速成長；

再次，只有老闆授權了你才能嘗試創新的想法。

所以，更容易理解「授權」的含義，不僅可以與老闆好好相處，對自己未來做管理也有好處。

那我們看看你認為的授權是不是真正的「有效授權」。我自己因為糾正了下面四個對授權的認知，結果能夠積極應對那個「深井病」老闆啦。

第一，授權不等於放羊吃草

比如，在專案中，老闆就算授權給你，也不是意味著老闆不聞不問，放羊吃草。老闆承擔他的角色，你配合你該配合的工作才是有效授權。所以，老闆過問點事情，你也不要立刻反感地認為他在插手。

當老闆在承擔掌控方向、調整策略等老闆應該承擔的角色職責時，那都是正常的管理。

第二，授權不等於無限授權。

舉個例子，在我的一家客戶公司，老闆讓小李負責設計案件投標，從成立團隊、競標方案，到跟甲方談判，小李都自己親力親為。最後他們得標了，照理說是件好事，可是老闆卻不高興，因為過低的報價和墊款的合作模式讓他們很被動，而小李在過程中並沒有和老闆商量就自己決策了。

所以，所謂授權都是有限的。即便讓你全權負責，即便沒有明文規定，你也需要判斷關鍵問題是否需要經老闆同意，起碼要提前告知。

第三，授權是為了應對不確定性。

有位大型企業老闆在演說中提到：「讓前線發現目標和機會，及時發揮作用，後方配備先進設備和優質資源來支持前線作戰，而不是指揮戰爭」。

那既然授權的目的是減少不確定性，那麼身在前線的我們就得想盡各種辦法讓老闆感覺到因為你的存在而增強了確定性，這會幫助你爭取到更多的許可權。

第四，授權授予的不僅是權力。

實際上，授權賦予的更多的是責任。

我認識一位在大型快速消費品公司能力很好的銷售經理，當老闆讓他管理幾個城市的通路時，他不管團隊目標，透過違規調貨來謀取私利，沒過多久被總部稽查，不僅被開除，還差一點進監獄，後續想跳槽同產業，公司基本上都不敢用他了，斷送了大好前程。

所以，請不要給你權力就濫用，權力要有原則，做人要有底線。

釐清了「有效授權」意味著什麼，我們又如何讓老闆授權，為自己創造更多空間呢？祕訣就是要給老闆「四個感覺」。

第一，釐清邊界，讓老闆有意識感。

當你接受責任的時候，和老闆溝通確認人、財、物、事四個方面，哪些部分、多少程度是你可以決策和掌控的，有什麼樣的權力和責任。

不過請注意，在一開始你還沒有建立足夠的信任的時候，不要刻意爭取更多權力，只需要澄清邊界就好。這個確認動作也是向老闆強調，他是授權了的。

第二，主動給望遠鏡，讓老闆有掌控感。

人們的恐懼和不安都是來自於看不清前方。那就主動給老闆望遠鏡吧，讓他看見整體進度。

我曾負責一個國際峰會，我特意用非正式的方式，比如吃飯、茶歇時和老闆分享專案進展，匯報關鍵問題和解決方案，專案結束後還做了個正式的總結報告。我當時定位自己為專案導演，所以不是事事請示，而是讓老闆當觀眾，階段性地觀摩過程和成果。後來，一兩次的案例下來，老闆基本上就不太過問了。

所以，不要被授權了就自己閉門造車，讓老闆看到你造車的過程才是證明你能力的過程。

第三，主動提出要求，讓老闆有參與感。

身為導演，主動讓老闆扮演角色吧。比如，有些甲方的人邀請他出面搞定，有些資源請求他幫你排程。老闆的參與既能夠讓他有被需要、被尊重的感覺，也會讓你專案的重要性提升。同時之前也提到過建議你主動向老闆提出資源支援要求，不管成敗也會增加老闆對你的關注度。

當你把老闆變成你的資源，而不是約束你的絆腳石時，你會發現他的價值。

第四，不濫用權力，讓老闆有信任感。

海底撈的店長擁有很多授權，很有趣的一個權力是店長可以視情況給予顧客免費。但一個店長曾經告訴我，他根本不會隨意用這個權力。當他特別負責地對待權力的時候，老闆反而會很信任地給他更多權力。

信任是需要一定的時間和經歷才能累積的，也給老闆一些時間來建立彼此的信任吧。

總而言之，授權，既是老闆希望的，也是員工希望的。授權需要透過良好的溝通機制和技巧方法，彼此增加了解，才能更加信任，最終達到雙贏的目的。

小結

有效授權，不是讓老闆對員工放羊吃草，而是意味著你和老闆各司其職。

那我們如何贏得老闆授權呢？讓老闆有四個感覺：

第一，釐清邊界，讓老闆有意識感。

第二，主動給望遠鏡，讓老闆有掌控感。

第三，主動提出要求，讓老闆有參與感。

第四，不濫用權力，讓老闆有信任感。

工作中，你要學會當導演，讓老闆當觀眾看到你的專業，也可以讓老闆擔任支持你的角色，用成功案例累積信任，相信老闆會更願意授權給你。心有多大，舞臺就有多大，預祝你未來獲得更大的舞臺。

延伸思考

在最近的工作或專案中，嘗試用四個感覺法，為老闆創造意識感、掌控感、參與感和信任感，主動爭取老闆的授權。

朝九晚九，瘋狂加班，什麼時候能實現時間自由？

我一個朋友剛從國營企業跳到網路金融公司時說：「我們公司工時長，還狂加班，真受不了，很鬱悶，什麼時候能達到時間自由呀？」

我也聽到老闆們無奈地說：「現在的員工下了班根本不接我電話，不回我訊息。我還不能凶，擔心明天員工不來。」確實，有錢能使鬼推磨的時代已經過去了。

其實，這種矛盾背後，是「時間」觀念的不對等。

隨著時代的變化，人們對「時間」的認知也發生了改變。捷運裡、公車裡、機場裡，我們隨處可見被時間趕著往前走的現代都市人。每個人都非常忙碌，每個人都希望自己掌控時間，卻無奈人在江湖，身不由己。

在無比忙碌的時光中，有沒有更好的心態和方法，能夠讓我們體會到自由的時光、幸福的時光？透過觀察發現，很多人對工作忙產生抱怨或是感到疲憊，其根本原因其實不是忙本身，而是下面四個原因。

原因一：你的時間是被動選擇的。

我看到很多公司的員工一到下班時間，連一分鐘都不願意待就離開，而我們去一間在購物網站精油銷售第一名的公司參觀，發現他們根本沒有打卡制度，也沒有考核，卻一個個自願加班。還有更強的，那些自我驅動力很強的創業團隊，恨不得 24 小時像打腎上腺素一樣工作。

我發現，人們所鬱悶的不是忙碌本身，而是「不能主動選擇」。不管工時多長，不管是出於責任，還是小目標，如果你是主動選擇的，基本上就沒什麼怨言啦。這一點，我在成為沒有下班時間、沒有週末的自由職業者之後也深有體會。

所以，工作需要自我驅動力，主動選擇時間與工作的關係，你就會接納現狀。

原因二：公司很高壓，你卻力不從心。

這年頭很多產業競爭激烈，比如網路公司，新創公司、這些公司文化很講究高效率，要求各種快。有一間大企業的老闆就是早上安排工作，下班前就要看到報告。而對於某些人而言，總是被時間追著跑，其實是一種變相的能力的不適合。

所以，你需要的不是投入更多時間，而是用更高層次的能力來解決問題，這樣你就可以更加從容。

原因三：你的時間是沒有界線的。

你是不是半夜 11 點接到老闆電話趕回去開會？

你是不是假日不能陪孩子，還要加班趕產品上線？

你是不是很想下班時間封鎖老闆通訊軟體？

有人認為員工隨時待命天經地義，有人主張工作、生活需要分清界線。

其實，沒有對錯，但求匹配。你需要和老闆的「時間界線」達成共識，不然你會痛苦死。

原因四：你拿命換來的，卻覺得不值得。

你是個沒日沒夜拚命加班的工程師，老闆總是說以後會上市，但卻一次一次專案失敗。

你是 24 小時為老闆開機的模範好員工，卻一直沒有獲得與工作量相符的薪水。

你以為拿青春賭成功就能開心，可是你原本真正想要的是幸福的家庭。

心理不平衡來自於時間投入與回報之間的失衡。當然，這裡指的回報最直接的就是錢有沒有給到位。除了錢，還包括專案前景、職涯發展、幸福度等廣義的概念。

當想清楚「拿時間交換什麼」，找到「辛苦的意義」，你就會覺得一切付出皆值得。

所以，我們希望的時間自由度，可以用主動性、高階能力、界線感和意義這四個標準來衡量。

那老闆們又是如何看待時間的呢？他們的時間概念有三個很有意思的特點，看看對我們有沒有什麼啟示。

第一，時間是一個戰場。

有企業家在演講中提過，時間是一個戰場，他認為所有人的時間是有限的資源，是稀缺資源。的確，現在各家公司都在瘋狂搶奪大家的時間。手機上那麼多的 App，誰搶占了使用者更多的時間，誰就能夠占據市場優勢。

所以，在老闆眼裡，時間是非常稀缺的資源。你隨心所欲浪費掉的時間在別人那裡都那麼值錢，你有沒有想過你是否賤賣了時間呢？

第二，時間是一個策略武器。

要麼快，先於對手，要麼撐得久，熬死對手。企業快速響應客戶需求，快速搶占市場，關乎生死。企業能否更快地創新疊代，關乎發展。這也是為什麼老闆們不停地要求員工加快腳步。

那你是否有能力為老闆提供他所期待的「快刀」呢？你自己

是否配備這樣的策略武器，能在競爭中脫穎而出呢？

第三，時間是一個有彈性的選擇。

有老闆說，「我沒時間」意味著「那不重要」。他會把有限的時間用在自己認為重要的事情上。比如，有老闆曾經對一個因家庭原因辭職的副總說：「你為什麼不選擇離婚？」很顯然，在前者心目中工作成就比家庭重要。那你有沒有真正具備選擇力，獨立選擇自己認為重要的價值，而不是世俗給你的所謂成功的價值？

了解了老闆們對時間概念的思考，我們又該如何實現自己的時間自由呢？時間管理固然有很多技巧，但在這裡，我們分享三個建議。

第一，主動選擇適合的戰場。

到底是去快節奏的網路服務公司，還是做朝九晚五的安穩的工作，抑或是去高風險高收益的新創公司拚個三五年？當你面試的時候不妨多了解一下公司的價值觀和企業文化，也觀察一下辦公室裡的工作狀態，是鬱悶的氣息，還是夢想的奮鬥熱情？

沒有對不對，只有適不適和，主動選擇符合自己時間觀的戰場，並快樂地上戰場。

第二，策略性時間管理術。

經常有人問我：「如何平衡工作與生活？」我回答說：「我會像董事長管理公司一樣管理生活。」

比如，對於如何管孩子就需要策略性安排。

首先，我會確定教育方向和制定年度計畫。

其次，組團隊，就是保母、父母、班級導師及其他老師，甚至同學朋友都是我的虛擬團隊。

再來，我會在吃飯聊天時為他們強化職責分工，分享教育理念，還時不時給予激勵，比如給老媽獎勵旅行，發紅包給保母。

所以，其實我做的就是，定策略，組團隊，帶隊伍。這樣一來，我省出來的時間，就可以解決關鍵問題並安心工作。

其實，工作何嘗不是同樣的道理？手頭的工作也可以制定策略，找到支持你的虛擬團隊，老闆、同事、朋友甚至是你的家屬，透過管理和激勵他們來騰出時間，你去解決關鍵問題就好啦。

第三，賺取時間術。

你也許認為每個人一天有 24 小時是正常的。但時間也是個變數，也是可以賺的。那時間是怎麼賺的呢？

首先，透過單位時間提升時間價值，做高附加值的事情，最簡單的例子就是我請專人來打掃房間以換取我上 MBA 的時間。

其次，同樣的時間內讓經歷更豐富。比如，同樣是留學，在拿碩士文憑的同時，我還周遊了 28 個國家，這些都是賺來的。

所以，去提升自己的時間價值或者豐富經歷，你會覺得賺了生命。

最後，結合我的大師級教練導師對「自由」的理解，分享一下我理解的「時間自由」。

我們常常感到過於忙碌和被束縛，也就是自己沒有時間自由。但其實，這種狀態都是我們自己的選擇，源於我們放不下的需求，源於我們始終無法鼓足的勇氣，如跟我們沒那麼容易辭職一樣。我們也常常想著當無所承擔、無所束縛時便是自由，但你會發現即便如此，你也會掉進更大的不自由，如同企業人走出來當自由職業者變得更忙碌一樣。

我感覺，真正的自由是「心的自由」。當你的內心是平靜的，是安在當下的，你會發現，自由不是為所欲為地玩，也不是隨心所欲地安排，而是在任何時間、任何空間，都能夠從容地掌控狀態，把時間變為有價值而幸福的高品質時間。也許這就是所謂人在江湖、身不由己的職場人的時間自由吧。

小結

時間的自由感，來自主動性、高維能力、界限感和意義感等四個方面。

借鑑老闆對「時間」的思維，我們可以做如下管理：

第一，選對戰場，與組織配合「時間價值觀」。

第二，策略性時間管理。透過團隊的策略管理，留出有價值的時間。

第三，提升單位時間價值，賺取高品質時間。

延伸思考

思考如何透過策略性時間管理術，提升自己的工作效能。

04

你期待的 vs 老闆期待的

推翻重來 N 次的方案，為何老闆不滿意？

你有沒有在工作中遇到過這樣的經歷：自己辛辛苦苦熬夜趕出來的方案，被老闆看一眼就打回去，推翻重來了 N 次，就是不過關？你覺得自己感天動地，老闆卻覺得你就是瞎努力。很多老闆也經常抱怨：「下屬做的方案我總是不滿意，沒法直接用，有時候想，與其一次一次地打回去重做，真不如自己上手做算了。」

那到底為什麼老闆對方案不滿意？我們又該如何做出讓老闆滿意的工作成果呢？職場中，其實有一個很多人沒注意到的公式：

老闆超額滿意度＝你的交付結果－老闆期待值。

注意，這裡用的是「超額滿意度」。也就是說，如果你交付的工作結果等於老闆的期待，老闆頂多覺得你能勝任這份工作。只有交付大於期待，老闆才會被你的能力驚豔到，對你刮目相看。而職場上很多機會，不就是來源於老闆對你的一次刮目相看嗎？

記得當年我在一家公關公司做實習生的時候，老闆有一次叫我收集 LG 手機業配文做簡報。本來這個任務就是翻報紙，挑選出 LG 手機業配文，剪下來整理的事情，基本上沒什麼技術性。結果，我順便把競爭對手三星的業配文也摘下來，做了統計分析，主動做了一份《LG 與三星手機公關策略對比分析報告》。因為那一次超出期待的交付，快速得到了總監的認可，我從簡單做簡報、打打雜的實習生一躍成為重要專案負責人。發現沒有？到這裡，問題就轉換成了如何讓你的交付超出老闆的期待。

有人會說：「我也主動做了很多工作呀，可為什麼我交付的老闆不滿意？」透過訪談，我總結了一下老闆們說的較常見的兩個不滿意。

第一，你的方案沒有焦點。

大家都知道放大鏡聚焦光線可點火的原理，如果沒有焦點，就沒有火花。同理，你交付的方案如果沒有聚焦的觀點，就沒有亮點。舉個例子，小明是一個閱讀 App 的營運專員，總監讓他做份營運月報，他直接把後臺數據生成的圖表複製黏貼就交上去了。30 多頁的報告每組數據到底想說明什麼呢？是使用者偏好變了，需要調整內容？還是轉化率下滑，需要更多的促銷活動？沒有聚焦的問題，也沒有任何建議，這就叫沒有焦點的方案。

我做企業顧問，發現老闆們最不喜歡的員工，不是遲到的，不是要錢多的，而是沒想法的。所以，你有沒有聚焦的想法，會直接影響老闆對你的看法。

第二，自己有想法，但沒能對好老闆的焦點。

有些專業類人才比較容易掉入這個坑，他們喜歡從自己最擅長的專業角度提出方案，卻忽略了老闆的焦點到底在哪裡。比如，工程師寫半天自己 App 的架構是什麼，UI 設計多漂亮，有什麼功能，而老闆想聽的是怎麼提升使用者活躍度、使用者體驗、轉化率。

所以，你要站在老闆的視角，對焦老闆的關注點。

知道了影響老闆期待值的焦點問題，那我們該如何控制自己的交付結果呢？給你三個問題清單，你可以對照一下自己的方案，看看你有沒有考慮周全。

第一個問題，老闆真正想要什麼。

85％的方案失敗都是對目標理解得不完全、有偏差導致的。所以，當老闆拋給你一個需求時，不要急著解題，盲目亂衝，要先弄清題目，不要偏題。

你可以問老闆有什麼要求、什麼時間交、有什麼注意事項、有沒有以前的參考資料等要求事項。為了避免疏漏，你最好先列個需求清單。我看到很多同仁不敢問問題，沒聽懂也說懂了，生怕顯得自己很弱，其實你大可放心地去弄清楚，因為老闆也不希望你理解有偏差導致到最後重複修改。

也許你會說，這些要求我也問了呀。可是很多人看似問了要求，但實際上並沒有真正探出老闆沒說出口的期待基準線。什麼是「期待基準線」？比如說：老闆認為採購成本不應該超過10%，你沒摸清楚就做了個20%的方案，肯定被打回去；老闆認為管理層應該從內部培養，你卻建議花錢找獵人頭公司，肯定會被質疑；老闆想要打造新產品，你卻只想著為老產品線新增功能，那就只能陷入費力不討好的惡性循環。

為了更清楚掌握老闆的期待基準線，你可以主動找老闆討論或邀請老闆參加團隊研討，並在討論中把展現老闆觀點的關鍵字記在小本子上，這些關鍵字通常會出現在「我認為……」、「你應該……」這樣的句子裡。

當然，摸清楚老闆的期待基準線的意思並非等於你要簡單迎合老闆觀點，有時你也需要用專業說服老闆。比如在上面的例子中，如果你知道老闆對採購費用的底線其實是不合理的，那可以準備強而有力的數據，證明為什麼你要增加採購成本，這樣就會更容易說服老闆，推行自己的方案。

所以，第一步是先摸清了老闆的期待基準線，避免跑出跑道。

第二個問題，老闆關注什麼。

「想老闆所想，急老闆所急」，一間公司的CEO在這點上可以所做到了極致。他的第一份工作是大型證券公司的總經理祕書，在一次對談中，他說自己在送文件給老闆批閱時，一般的祕書頂多按時間順序堆放，他會按照老闆關注的重要性來排序，並找出文件之間的關聯性，把關聯內容分類放在一起，有時還主動給出有建設性的建議。就因為祕書的腦袋裡裝著總經理的思維，他年紀輕輕就成為了證券公司的副總經理。

做任何工作都一樣，理解老闆關注的層面以及優先順序，並將其納入自己的方案中，這很重要。比如，同樣是交一份產品介紹，如果老闆是要對客戶做介紹，那焦點就應優先放到客戶體驗如何好，性價比如何高；如果是為投資者做說明，那就要強調你的產品如何吸引流量、變現價值、成長性等等。

所以，請將「你要做什麼」與「老闆關注什麼」按優先順序建立關聯。

第三個問題，老闆擔心什麼。

首先，對方案本身他會擔心什麼？擔心效果、成本還有別的？你可以換位思考提前設想他所擔心的，甚至他沒有看到的風險也幫他想到了，不僅友情提醒，還給備案，那才有可能超出他的期待。

其次，就交付而言他會擔心什麼？比如，他會擔心無法按時繳交。所以，如果老闆說今天要方案，那麼不要等到最後時刻，最好的繳交時間是「昨天」，也就是提前提交。老闆還可能擔心交付品質，希望萬無一失。所以你要學會動態調整，不要一次定案，敲敲打打自己閉門造車，想一把就通關。你要持續報告進展並邀請老闆進行溝通，像玩遊戲一樣一步一步打通關。在關鍵節點和問題上達成階段性的共識，就不用擔心會要全部推翻重來。

所以，風險預防、風險分解，幫助老闆化解風險，也幫助你減少風險。

一個企業為了滿足客戶需求而不斷進行改進和升級，透過不斷滿足甚至給予極致的驚喜體驗，來持續獲得客戶的超額滿意度，個體未嘗不是如此，我們每一個個體都是自己的產品，老闆就是我們的第一位客戶。當你能夠真正理解老闆的需求和期待，並能夠交付超出老闆滿意度的工作成果時，想必你的職涯發展道路一定是前途一片光明。

小結

職場中，我們不僅要讓老闆滿意，還要主動創造「老闆超額滿意度」。

在前文中我們講到一個老闆超額滿意度公式：老闆超額滿意度＝你的交付結果－老闆期待值。

為了主動創造老闆的超額滿意度，我們需要：

第一，了解老闆的期待基準線；

第二，將「你要做什麼」與「老闆關注什麼」按優先順序建立關聯；

第三，用三個問題——老闆想要什麼、關注什麼、擔心什麼，來對照自己的方案。

延伸思考

用三個問題「老闆想要什麼、關注什麼、擔心什麼」來評估一下自己最近做的方案是否還有可改進的空間。

老闆說只要結果，真的是這樣嗎？

你的老闆有沒有說過「我只要結果」這樣的話？

在很多企業，我們經常會聽到老闆說只要結果。可是，真的是這樣嗎？如果你就這麼信了，以為這是老闆全權讓你做主，只等著交付結果，那你就錯了。

其實，老闆說「我只要結果」根本不是簡單地等於「我不要過程」。如果你遇到自認為做得很漂亮，最後老闆卻不滿意的情況，或者你不服那些經常進出老闆辦公室的同事比你升遷快，想必都是在工作中的過程溝通方面出了問題。

先分享一個我曾遇到小人的慘痛經歷吧。那時候，我只知道悶聲做事情，每次負責個任務，除非遇到實在解決不來的問題，平時基本上也不怎麼跟老闆報告和溝通。結果，同組另一個同事趁我休假，在老闆面前說了很多我的壞話，等我回來發現我負責的專案已經由她來接管。從老闆助理那得知真相後，我覺得很委屈，自己的辛苦和能力老闆怎麼都看不到呢！後來，我有了下屬才真正感受和理解到，每次需要老闆詢問才能了解到進展是什麼樣的心情，突然給你來個重磅問題是多麼被動，臨近大限了卻給你不符合要求的報告，讓你還得熬夜重做那是多麼令人抓狂的事情。所以，也真正理解了過程匯報的重要性。

這些經驗教訓告訴我們，只善謀事，不善過程溝通，沒有建立好與老闆的信任關係，會很容易失去機會，無法獲得老闆的信任，直接影響業績甚至發展。

你會說，「老闆自己說的只要結果呀」。那老闆真的只要結果嗎？我是翻譯師出身，職業病氾濫，我們來翻譯一下這言外之意到底是什麼，有三個比較典型的版本。

版本一：我不僅要過程，更要好結果。

很多人常常會把苦勞當成功勞，覺得全勤還熬夜加班就已經夠了。

我客戶公司來了一個新業務，每次例會他都會列出客戶列表，頭頭是道地分析一通，每天都努力打電話、拜訪客戶。可是一年過去了，他一筆訂單都沒成交。最終，老闆發現，他根本沒有正確的銷售策略，因而產不出業績，就只能辭退他了。

所以，「只要結果」不等於「不要過程」，而是要透過正確的過程，有策略、有方法地實現好的結果。

版本二：我要主動性和創造性。

老闆期待的不是找個人整天等待指示，而是基於組織目標，主動設計自己的工作，發現問題、解決問題。無論是實施員工自主經營模式的公司也好，推崇讓第一線做決定的企業也罷，都是在鼓勵員工的主動性、創造性。

所以，「我只要結果」，指的是老闆給你充分的空間，你可以發揮你的主動性和創造性，充分展現你的解決問題的能力。

版本三：不要找藉口，你要對結果負責。

公司裡，當出現問題的時候，常常會有各部門互相踢皮球的現象。比如，「因為品管部總是沒辦法快速產出品質報告，我們的產品交付就晚了」、「因為法務沒能發現商務合約中的條款漏洞，我們應收帳款又多了」。

這種情境下，老闆說「我只要結果」的意思是，你要從自身出發找問題，解決問題，不要找藉口，推卸責任。

所以，老闆期待的是積極解決問題的、有擔當的員工。

你發現了嗎？老闆說只要結果，其實不是不要過程，而是「正確的過程＋好結果」。

我們知道了老闆的期待，那我們如何更好地匯報過程呢？這種智慧的匯報能力稱為「慧報力」。我們可以透過智慧的匯報，給老闆四顆「定心丸」。

第一，用可預計的結果，給老闆信心。

你身為老闆的業務參謀，在專案前期就可以用合理的邏輯，推理出可預計的結果，給老闆信心。注意，不要用模糊的「這些沒問題」、「一定可以的」這種虛無飄渺的口號。

你可以「講情景」，比如，「等我們這個辦公室裝修完，會是什麼顏色、什麼風格」，可以向他描繪，讓他有畫面感。

你也可以講數據，比如，「一個單品 99 元，我們的目標銷量 10 萬個，就是接近 1,000 萬元的營收，利潤是多少」。

總之，用看得見、聽得清楚的論據，提前給老闆可預計的結果。

第二，用策略和路徑，讓老闆放心。

當老闆了解了你通往目的地的路徑將會怎麼走，就會增加對你的放心程度。

比如，今年 2,000 萬元的銷售目標怎麼來呢？到底主攻產業大客戶，還是透過管道分銷呢？是主打 A 系列產品還是 B 系列產品？你可以和老闆就這些關鍵問題的策略和方法做個梳理，讓他看到實現目標的可行性。至於你今天約誰拜訪，那些都是要你自己發揮主動性，在老闆授權的情況下就可以不一一匯報了。

第三，用選擇題，讓老闆更省心。

老闆們最不喜歡的是「沒有想法的員工」。

比如，C 類員工只是開放式地問：「老闆，這件事情該怎麼辦？」

B 類員工會請示：「老闆，A 方案和 B 方案，A 有什麼優劣勢，B 有什麼優劣勢，您看選擇哪一個？」

A 類員工會建議：「老闆，我們有 A、B 方案，A、B 各有什麼優劣，鑒於我們公司情況、關鍵的三個考慮因素，個人建議採用 A 方案目前比較合適，您覺得如何？」

如果你是老闆，你會更喜歡哪一類員工，會授權給誰呢？

所以，給老闆匯報要給選擇題，而不是問答題。

第四，講問題和風險，讓老闆耐心。

萬事都有風險、困難和不可預知的變數。

如果預知風險，那就提前報備，並表示你會負責解決。比如，「這批產品交貨期比較緊張，不過您放心，我已經和海關協調好，會配合加速通關手續」。

如果遇到困難，你應該匯報解決進展。「我們研發依然有漏洞沒能解決，我已經找到外部專家，會在下週二一起研討解決方案。」

如果遇到變數，你可以給他信心讓他耐心等待。「這次因為甲方負責人突然換了，但我們先不要放棄，再耐心一點找到突破口應該還有機會的。」

其實，很多時候這些工作本身你都做了，但因為沒有及時和老闆進行溝通，老闆不知道你付出了怎樣的努力。還有一些人屬於報喜不報憂，要麼不敢告訴老闆有問題，要麼想著自己偷偷搞定。這樣處理的結果是，萬一出了問題你就會很被動。

所以，做好工作的同時，「嘴也要跟上」，讓老闆感受你的擔當，看到你的努力，見識你的能力。

信任，是你個人發展中最寶貴的財富。其實，除了老闆，客戶、合作夥伴等都可以用同樣的原理進行更緊密的過程溝通，來累積信任積分。久而久之，你在職場上的標籤就會是「可靠」，所以，自然就有更多機會眷顧你了。

小結

當老闆說「只要結果」時，其實需要掌握好他的言外之意。只要結果的意思，並不是等於不要過程，而是要「正確的過程＋好結果」。

我們需要智慧地進行過程匯報和溝通。最核心的溝通內容是：

第一，目標結果。讓老闆看到可預計的產出結果，讓老闆有信心。

第二，策略路徑。讓老闆看到正確的過程，讓老闆放心。

第三，選擇方案。替老闆出選擇題，讓老闆省心。

第四，風險問題。提前預告風險與應對方案，讓老闆耐心。

延伸思考

請從目標結果、策略路徑、選擇方案、風險問題四個「慧報力」要素中，選擇一個主題，主動找老闆進行至少一次過程溝通。

還讓老闆追著要債，如何提升自我執行力？

你的老闆會不會經常午夜寄信給你安排任務，感覺都不在同一個時區，或者早上安排的任務恨不得馬上追著要？那你就要注意了，這種老闆對執行力的期待是很高的。

過去 10 年，職場培訓市場上賣得最好的課莫過於「執行力」課程，老闆們似乎對團隊的執行力總是不夠滿意。

確實，根據追蹤研究，長期以來企業與企業之間很多做法其實都是差不多的。而為什麼有些企業活著，有些企業卻很快消失了？就是因為，同樣的做法，卻有不同程度的執行力。即便一個老闆再有創意，再有策略眼光，也需要團隊執行力跟得上。

執行力這個話題，固然已經被說得很爛，但在很多企業裡依然是令人頭痛的問題。

著名管理大師瑞姆．夏藍在《執行力》(*Execution*) 一書中說：「從個人層面來說，執行力等於高效能，從企業層面，執行力是目標與結果的橋梁。」他說，「企業如同『黑箱』，各種要素進入後，透過『執行』所產出的是截然不同的結果」。所以，無論是對於企業，還是個人，執行力都是很重要的競爭力。

那老闆期待的執行力強的人到底是什麼樣的呢？基於一些「強人」的共同特質，我們需要扮演老闆所期待的三種角色，才算是真正的執行力強。

角色一：射擊者，也就是快速扣動扳機的那個射手。

老闆指哪，快速打哪，關鍵字就是：快！思科前 CEO 約翰．錢伯斯 (John Chambers) 說，現代競爭已不是大魚吃小魚，而是快魚吃慢魚，這就是「快魚法則」。不管是哪間成功的企業，拚的都是速度。

其實老闆的體驗未嘗不是這樣。如果老闆沒催，你就不急，那對不起，老闆替你升遷加薪也不會急。

可見，老闆期待的執行力第一項，就是「速度」。

角色二：塑造者，就是主動設計工作的人。

前段時間有本書特別熱門，叫《原則》(*Principles*)，是全球頂級投資家、企業家瑞．達利歐 (Ray Dalio) 總結的一生中最重要的一系列原則。他說：「每個人在或大或小的領域裡都可以是塑造者的角色。如果把我們工作的系統想成一臺機器，你就可以主動偵測錯誤，也包括檢視自己。」

這句話搬到日常工作中就是，老闆有個想法，如果說了具體目標和方法，你去完成，那也頂多是第一層的執行。如果，老闆說了目的，你主動、快速地想辦法，解決問題，那更好。而真正的高手是，老闆都還沒說，就提前替老闆想好問題，並已經主動解決了，那才是最高境界。

所以，老闆期待的執行力第二項，就是「主動性」。

角色三：追求者，就是追求極致、持續成長的人。

短暫激情、三分鐘熱度很容易，但執行力強為什麼就那麼難？其實不在於能不能開槍，有沒有創新想法，而在於很多人做不到「持續堅持，追求更好」。

一間綜合電商的老闆就曾在演講中分享說，當年他開店，已經擁有超過 10 家分店，生意好得不得了，所有人都反對他開什麼電商。但他毅然決然關閉所有分店，開始電商業務。他總結說：我之所以能到現在，是因為一直沒有停下追求更高和成長的腳步，我就要比別人更快送達，物流成本更低，不斷地追求極致。

所以，老闆期待的執行力第三項，就是「追求極致」。

了解了老闆對執行力的三個要求，也就是速度、主動性和追求極致，那我們帶著這些理念，又該如何提升自己的執行力來搞定工作呢？

通常在顧問過程中，如果一個團隊執行力不高，我常常開玩笑說：「那是老闆你的問題。」其實，我的意思是執行力問題也是團隊管理問題。通常情況下，我會為公司提供四個方面的招數，來逐步建立提升執行力的團隊管理體系。

後來我發現這四招的理念和做法搬到我個人管理中也是奏效的。所以，從個體而言，也可以借鑑。

第一步，與老闆溝通目的地，自己畫地圖。

上面強調過，老闆指哪，我們打哪。所以，當我們接到某項任務時，不是簡單執行，而是要先弄清楚目的和目標。這就如跟我們去自由行，先要確定目的地，再去自己找路徑，安排行程，自己形成地圖。

其實公司經營和自己工作都需要梳理出這樣的所謂目標地圖，確定目標，分解里程碑，如果是團隊還要責任分工。

所以，老闆說大概的意圖，比如，老闆說要提升客戶滿意度，你就可以主動設計達到這個目標的路徑和具體任務。不過對職場新人來說，我還是建議，先溝通清楚目標和任務會更加保險。你也可以先釐清整體思路做一部分內容，完成10%左右，然後找老闆溝通看是不是符合大方向。避免最後悶頭做半天，讓你推翻重來。

所以，畫出和老闆共識的目標地圖，可以幫助我們找到方向。

第二步，自己重新為自己安排任務，替自己加速加碼。

你會問，老闆不是已經安排任務了嗎，還需要重新安排？當然需要。因為，你手頭還有其他工作，你需要統籌協調輕重緩急，同時，你可以為自己加速加碼。

比如說，如果老闆週一安排了週五要交的報告，那我就會為自己制定細部要求，週一草擬個大綱做一部分，和老闆溝通確認，週三晚上前全部完成，最晚週四早上提前交付，修改完還可以自己加任務把列印裝訂也搞定了，這樣老闆的感受絕對會比催著工作要強很多。

第三步，建立自我管理機制，為自己設立懲罰機制。

公司會用一些管控機制來監督大家有沒有執行，效果如何。比如開週例會、設個績效指標給你等。其實績效管理是管控機制的一個基本動作。

那自己怎麼建立自己的管理機制呢？我舉個跑步的例子。

首先，我會主動宣布績效目標。我向一群朋友宣布我要一個月跑 40 公里。其次，記錄績效。在群組裡打卡是好辦法，月末經統計，如果無法完成還要罰 500 元紅包。別看紅包金額不大，但還是很有效的。

再次，營造文化。購買跑步裝備，時不時還要有個小小儀式感，形成跑步氣氛。

其實，工作也一樣。首先，我會主動承諾老闆，我會做什麼、預計什麼時候提交。其次，做個工作清單，把里程碑視覺化，每週末做個回顧，也做下一週的清單，這裡面包括需要什麼資源。最後，營造工作氣氛，我哪怕自己去咖啡館工作也要穿套裝，找到工作狀態。

第四步，建立激勵機制，給自己糖吃。

很多公司會用激勵機制，包括薪酬、獎金等一系列的辦法讓員工賣命工作。那如何讓自己為自己賣命工作呢？這也需要自我激勵。

第一個辦法，是直接激勵。之前聽說有人為了培養早起習慣，獎勵自己玩一個小時遊戲。我也決定獎勵自己一個小願望，一個任務完成了，吃個甜點，買件衣服，看一場舞臺劇，甚至是來一場旅行。

第二個辦法，是精神激勵。如果這是較長時間才能實現的目標，那麼就想像成功後的狀態，給自己一個畫面感。比如，做線上課程的時候我就時常想像最後完成時的那種成就感，就很有動力。

其實，執行力是一種工作態度、工作習慣，如同肌肉一樣，一旦形成就自然會在你身上了。

小結

執行力的具體要求是：速度、主動性和追求極致。你可以借鑑組織管理的原理，來幫助自己提升執行力：

第一步，畫出和老闆共識的目標地圖；

第二步，自己為自己安排加碼任務；

第三步，建立自我管理機制；

第四步，給自己設定激勵機制。

延伸思考

選擇工作或者生活中的一項任務，按提升執行力的四招來培養一個好的執行習慣。

老闆說公司轉型升級，你也應該疊代吧？

有一次，在客戶公司我看到老闆召集員工說：「公司要轉型升級，原有產品要疊代，同時也要準備拓展新業務，希望調一些同事去新事業部，看看誰願意去？」如果是你，你會去嗎？參加會議的很多人都不理解，為什麼現在的產品很賺錢，老闆卻拿大把利潤投到不知道有沒有未來的新業務上，所以都不願意去前途未卜的新事業部。

其實，老闆不停調整與嘗試是在做「疊代」。今天的時代，變化極快，競爭也激烈。無論是產品還是企業，包括我們自己，都需要一種能力叫「疊代力」。

幾年前，我們曾經轟轟烈烈地做過一款閱讀 App 產品，那時候我們已經累積了許多使用者。可是突然有一天早上上班，所有高階主管和技術人員的電腦都被沒收，並被要求到會議室談公司清算問題。原來，作為大股東的 Nokia 的衰落直接導致公司被清算。我見證了手機產業連續稱霸 14 年、從未被撼動過的 Nokia 倒下，也看到面臨職業斷崖的一些工程師們。如 Nokia CEO 所說的那樣，「我們並沒有做錯什麼，但不知為什麼，我們輸了」。

難道只有 Nokia 衰敗了嗎？麥肯錫做過統計，美國企業每 20 年更新一次，頂尖企業名單每年也在動盪地變化，而很多中小企業的平均壽命才 3 ～ 4 年。就算是規模龐大的公司，風光無限的大企業，可能有朝一日也被更符合時代趨勢的企業給擠下排行榜。

這就是宇宙的規律，一切都從萌芽期，再到成長期，達到繁榮期之後開始衰退，最後走向死亡。產品如此，企業如此，人更是如此，一切終將衰退，唯有進化永續。所以，拒絕疊代，拒絕進化，等於拒絕未來。

既然疊代如此重要，可為什麼那麼多人卻很難自我疊代，到底是什麼阻礙了我們？

第一個障礙，因為害怕，所以拒絕。

我們做管理顧問專案的前期，經常會遭受拒絕和反對。為什麼？因為，我們顧問團隊的到來意味著組織的變革。大家對於未知的變化都是恐懼和害怕的。

我遇到過高階主管拒絕來開會，也遇到過憤怒和指責。經過多輪的說服，一部分人才開始慢慢在懷疑中嘗試，等到在小改變中嘗到甜頭，才會逐漸接納，最後才是大部分人融入。當然，還有一些死活不肯改變的人也必然會掉隊。

恐懼、懷疑、拒絕，這些也都是組織變革中出現的正常的心理狀態，但因為這些會消耗時間，所以一旦失去時機將付出很大的代價。

第二個障礙，因為挑戰，所以不敢。

美國心理學家發現，人類應對外部挑戰或威脅時，神經的自然反應是「反對或逃跑」。

「我是技術職出身，怎麼能去做業務管理呢？」

「那是一個新的市場，沒有關係怎麼開拓呢？」

「整個產業最低的平均成本是5%，我們怎麼可能做到3%呢？」

如果你把「挑戰」視為「威脅」，那就會啟動反對或者逃跑的本能反應。

如果你把「挑戰」視為「機會」，就能更為積極地應對。

第三個障礙，因為舒服，所以不想。

「現在沒什麼不好，為什麼要改變？」

人類具有安全感的需求，都喜歡待在舒適圈，喜歡一切都在掌控之內的感覺。一旦跳出，未來可能有失去已經擁有的風險，很多東西需要重新學習和適應。

這樣看來，固然「我害怕、我不想、我不敢」是正常反應，但我們需要勇於突破這種心理障礙，來推動自我疊代。

那麼，「疊代力」到底是一種怎樣的特質和精神呢？

具有工匠精神，對自我工作要求極致。

疊代的基本表現，首先是「改善」。「強人」一般都會對自己的工作不斷檢討，總結與反思，提出更極致的要求。

比如，目標開發週期能不能再縮短1週？有沒有再降低2%成本的辦法？物流準時到達率能不能從95%提升到98%？工作中有很多可以改善的空間。

具有海綿精神，不斷升級認知與思維。

有些人不斷學習新知識、新技能，比如多學習一種程式語言，多學習一門外語，這些固然非常棒。但如果這些學習沒有幫助你完成思考作業系統的升級，那麼頂多就是多裝了一個軟體而已。

建議可以看看科幻小說《三體》，其中一個概念就是「降維打擊」，如果你在更高維度的思維空間看這個世界，你看到的問題和解決辦法就都不是以前的層面了。這才是真正的疊代。

具有創新精神，能夠輸出改變。

同樣是賣杯子，我們如何透過區別於一般杯子的創新設計來做出熱銷杯子，賣出一百萬個？

如何用更有趣的文案，用更有創意的互動方式進行推廣？

能不能透過無人機送貨，讓使用者感受更極致？

如何用無人售貨機管道的新零售模式來賣杯子？

這些設計、流程、模式的小小創新，都是企業需要你來一起參與貢獻智慧的。

那怎麼能擁有這種疊代力呢？我們可以做哪些努力和累積呢？

「疊代力」最核心的就是快速學習能力。我們的心智模式中具有「學習模型」，也就是我們的成長通常是透過見、解、思、行這四個步驟的不斷循環來形成的。

見：保持好奇心，多看世界。

所有學習、疊代與創新都要先有素材的輸入，才能有輸出。這個輸入就是看世界。雖然很老套，但是「讀萬卷書，行萬里路」真的是你去看世界的路徑。

於我而言，在倫敦學習期間遊走 28 個不同的國度，讓我體驗不同文化，看了各種不同的活法，了解不同商業模式的企業，讓我能夠以中立的態度看世界，批判的思維看結論，柔和的眼睛看世人。這些便為日後的我打下了疊代的基礎。

解：理解規律，尋找機遇。

理解一些變化的規律，能更容易地找到切入點。

一間新創公司能夠在競爭激烈市場中崛起，都是搶占了消費者的痛點。若能掌握消費者的思維去打造品牌，在各個領域都能獲得成功的。

思：痛苦＋反思＝進步。

想來我自己也恰恰是在最痛苦的時候，成長最快。包括大學考試失利、留學期間被搶劫一空、被客戶拒絕、因公司被清算而失業、投資失敗等，甚至生活中的一些不順和痛苦，都是一次一次實現自我疊代的機會，也讓我有了現在的信心，不怕變化、不怕失敗。

不過注意，面對失敗和挑戰，我們需要的除了心理上的復原力之外，其實這裡想強調的是思考。透過回顧檢討，思考其中的道理和啟示，這才是對疊代最大的價值體現。

行：勇敢嘗試，挖掘潛能。

我還記得剛進入行動網路公司時，上班第一天連 App 是什麼東西都不知道，開會像跑到火星聽天書一樣。可是，我透過勇敢嘗試，快速學習，三個月就能做到自如地去開發客戶，可以和系統架構師討論要改哪個漏洞。

所以，其實人的潛能是無限的，不要對自己設限。

最後我想用自己的曾經寫過的一段話作為本文的結束：「人生就是一場創業，我就是自己的產品，不斷透過升級疊代，打造出更好的自己，就是我來這個世界轉一圈的目的。」也祝大家能培養疊代力，不斷自我進化，遇到更好的自己。

小結

一切終將衰退，唯有疊代永續。

想要有疊代力，我們需要三個精神：

一、工匠精神，對自我工作要求極致；

二、海綿精神，不斷升級認知與思維；

三、創新精神，能夠輸出改變。

而這些其實是需要透過長期學習和成長累積的。我們平時可以透過見、解、思、行，來不斷進行看世界、理解規律、反思自己和勇敢嘗試的疊代過程。

延伸思考

找到自己目前工作中需要改善的一個小點，利用見、解、思、行四個方面來思考你的疊代路徑與行動計畫。

同事不支持你的工作，你還能混好江湖？

你有沒有遇到過同事不支持你的工作？你會怎麼辦？拍桌子吵架還是向老闆告狀？其實，老闆們期待的是團隊成員透過協力，提升效能，但現實中，但凡是團隊，都有不同程度同事間協同不暢甚至踢皮球的現象，老闆們也頭痛。

如同交響樂不能一個人演奏一樣，我們的工作需要內外部的支持才能搞定。所以，你想混好職場這個江湖，就需要很強的「協作力」。

首先，看看你會遇到哪些不支持你的人？最典型的不支持者分為三類派系。

第一類：懶散派。

他們秉持著「多一事不如少一事」的理念，除了自己的小天地，基本上不管事，能不做就不做，能少做就不多做。

對這類人，除了透過調動上級資源來指派他的責任之外，盡可能幫他減少工作量，可能會更容易獲得支持。比如，你想讓他寫篇東西，你為他提供模板和工具，讓事情變得更簡單。

第二類：保身派。

這類人怕擔責任，怕被連累，有問題了就會歸咎於別人的錯誤，指責別人能力不足。

對這類人，盡可能幫他解除顧慮，為他找背書，創造安全感。

第三類：自私派。

這類人只關注自己的利益。秉持著「沒好處就不做」的理念，計較得失。

對自私派，就要交換利益，同時讓他感覺到占便宜了，就更容易支持你。

這三類人看起來輕鬆舒服，但老闆都看在眼裡，不配合團隊其實是消耗公司資源，還會帶來管理的麻煩，其實他們損失的是自己的職涯未來。

那老闆期待團隊成員在協同方面具有什麼樣的特質和想法呢？我曾經見過這樣的案例。

有家克什米爾羊絨衫公司，客戶向業務投訴一批羊絨衫產品中含了一般的羊毛。總經理召集大家開會，業務指責品管，「你們為什麼沒好好檢測？」品管說，「這不能怪我，是生產的時候摻雜了一般羊毛」。生產部說，「採購給的原料就這樣，我們只是加工而已」。採購說，「市場克什米爾羊絨價格提升，公司給的預算有限」。大家面紅耳赤爭來爭去也沒爭出個所以然來。

如果你是老闆，你會有什麼感受呢？這個老闆後來分享過他當時的感受和期待：

「面對問題，都忙著推卸責任？」

產品被客戶投訴是很令人惱火，但更讓老闆生氣的是團隊中竟然沒有一個人勇於擔當，解決問題，都忙著推卸責任。

所以，這時老闆需要的是「責任驅動」的員工，從「我能做什麼」開始，而不是第一時間想著撇清自己。

「光會指責，能不能理性解決問題？」

試想一下案例中的會議場景，大家的焦點都是互相指責，最後都吵架甚至拍桌子，所有的對話變成非理性衝突。

開會的真正目的是討論如何處理客戶投訴以及當下如何解決問題，未來如何避免問題。可是吵到最後，大家都忘記這個目的了。

所以，老闆需要的是「目標驅動」，會理性解決問題的員工。

「只抱怨過去，能不能想想未來？」

產品都已經生產出來了，抱怨有什麼用呢？只會引發負面情緒。

看看能不能找到接下來解決問題的關鍵，比如影響客戶滿意度的還有其他什麼要素？如果下一步產品收回，那麼有沒有減少損失的辦法？

所以，不要抱怨已發生的客觀問題，而是要「未來驅動」，找到突破口。

總結下來，老闆需要的是「責任驅動、目標驅動、未來驅動」的人，而不是只會踢皮球、指責和抱怨的人。搞清楚了老闆期待的協作力的特質和思維，我們在日常工作中，如何讓同事支持和配合你的工作呢？這固然需要根據不同情境，因人而異，但可以分享三個比較通用的辦法。

方法一：認命法。

也就是放低自己，請求幫助。在和同事溝通的過程中，請注意，不要踩到下面兩個地雷。

第一個地雷，指責。

「你資料為什麼還沒交？」這種語氣其實是一種指責。對方會感覺不舒服，就更不會配合你。建議你，用「我」替代「你」。

比如「不好意思，我沒能及時提醒你」或是「我之前沒說清楚」。以這種句型作為開頭，再說配合請求，效果會大不一樣。

第二個地雷，威脅。

「你再不交，我就扣錢了。」、「這是老闆規定的，不服去找他呀。」這是一種威脅。威脅不僅無效還會產生反作用。建議你，用溫和的態度說明其重要性：「你的資料關係到整體統計，公司很重視，可不可以麻煩你抽出幾分鐘提供一下？」這樣可能會更好一些。

當然，有時候即便你擺低了姿態，對方也會拒絕，如果這件事很重要非做不可，那就要堅持溫和地「騷擾」。我在前文中(第二章「受委屈，遇挑戰，如何打破玻璃心」一節）提到過的收尾款的案例就採用了這樣的方法。

你發現了嗎？其實放低姿態是為了解決情緒問題，先建立和平關係，再獲得支持。請你時刻提醒自己最終目標，放低姿態就不會那麼難。

方法二：交換法。

哈佛談判課上有個經典模板句型，就是「如果我幫你 A，你能幫我 B 嗎？」

比如，「如果我找人幫你們送貨到碼頭，你能幫我提前一天出貨嗎？」

「如果我找主管讓他簽字了，你能幫我辦這個事嗎？」

如果你能夠找對對方的需求，這一方法也可以用在外部資源的協力上。

我們曾經想把自己的 App 預裝到 Nokia 手機。當時和業務部談判：「如果我們幫你完成銷售目標，你能幫我們說服產品部門嗎？」後來達成共識，我們幫他完成目標出貨量，他也幫我們協調了產品總監。

這件事給我的啟示是，透過幫助他人成功而獲得成功是很便捷的方法。

方法三：同類法。

人們對自己的同類更為信任。如果公司裡有些小社團，比如跑步、健身、籃球俱樂部等非正式組織，建議你積極參與，這些同類在工作中也能幫到你。

講個小經歷。曾經我們財務特別嚴苛，報帳非常費力，會各種盤問，稍不符合標準就不讓報帳。所有同事包括我都很牴觸報帳。後來，我加入了羽毛球俱樂部，發現她也每週來打球，我有時借她球拍，有時多帶一瓶水，一來一往大家熟了。後來我去報帳待遇就截然不同了。第一時間幫我辦理不說，只要跟財務有關的她都幫我協調。雖然當時打球是無意識的，但這件事讓我明白了，平時在非正式組織中，多累積人品，多融入圈子，關鍵時刻就會有救兵。

最後友情提示，即便你認真做事，厚道做人，混江湖也絕對會遭拒絕、衝突和不公平。我自己有個信條，「闖江湖，不混江湖」。如果你透過這些訓練了能力，累積了人品，你會打造出職場口碑，這才是工作要賺的資本。至於那些所謂委屈，就讓時間證明一切吧。

小結

協作力是在組織中不可缺少的一種能力。

如果有人不配合你的工作，那你首先應搞清楚他有什麼顧慮，想辦法幫他排除。

老闆期待有協同力的員工具備三個驅動思維：責任驅動、目標驅動、未來驅動。

讓同事配合你的典型方法：

方法一，認命法，解決情緒問題；

方法二，交換法，創造雙贏；

方法三，同類法，獲得支持。

延伸思考

工作中，如果有不配合你工作的同事，思考一下緣由，用文中的幾個方法找到讓他配合你工作的策略。

面對問題你束手無策，老闆請你來幹嘛？

有一次和客戶老闆談話間隙，A 同學來請示，出去後老闆對我說：「你看這小 A 同學，校園招募來的大學生，但每遇到問題，就只會著急問老闆怎麼辦，你說我花錢請他來幹嘛？」

後來和小 A 同學聊，他也很委屈：「我剛大學畢業沒經驗，想自己搞定，但也怕自己搞砸了。」確實，在大學沒有一門課叫「解決問題」，而我們每天都要面對各種問題。尤其在職場上，老闆請你來是為了解決問題，如果你沒有解決問題的思維模式和方法，你未來的職業生涯也不太會一帆風順。

管理顧問就是發現問題、解決問題的一種工作，所以在這裡我會分享一些「分析和解決問題」的思路和工具。

首先，讓我們來看看在解決問題的過程中，會有哪些「坑」等著你。我自己總結了三個最常見的「坑」，也觀察到老闆們是怎麼解決或繞過這些「坑」的。

掉進情緒的坑。

有些人總是很「頹喪」，總是焦慮：「怎麼可能在一個月之內完成專案？」還有一些人，總是很「怒」，總是指責：「物流部是在做什麼，貨總是晚到。」這些抱怨、指責，都只能火上澆油，影響士氣，無法讓人做理性分析與決策。

其實，老闆們也有情緒，但他們常常會把問題視為機會。我們也可以學習這種思考方式，比如，把客戶的問題視為銷售的機會，把公司的問題視為是你發揮的機會，把同事的問題視為建立人脈的機會。這樣，我們就能不著急、不焦慮、不否定了。

所以，要用「機會思維」面對問題，看看問題中有沒有轉機和突破口。

掉進症狀的坑。

經常有人問，「我應該去 A 公司還是 B 公司呢？」其實這個問題真正要解決的是「我的職涯目標到底是什麼」。確定了目標，就有決策標準，去 A 公司還是去 B 公司的問題自然就有了答案。

我觀察到，成功的老闆們在起步時都會先想清楚「我要為客戶解決什麼問題、成為什麼樣的公司」這樣的本質問題，這樣在後面決定做 A 產品還是 B 產品，要有什麼樣的功能，自然就暢通無阻了。

所以，解決問題的第一步，就是用「本質思維」來界定真正根本的問題。

掉進解決方案的坑。

比如，我聽一個人力資源主管抱怨：「為什麼我做的新組織架構方案明明很好，可以解決很多問題，可實施起來就很不順，都推行不下去？」

這其中的主要原因在於你的方案是否考慮了所涉及的「人」的感受。你有沒有考慮被合併的兩個經理的關係？這些人的感受、人際關係甚至利益，都會直接影響問題的解決效果和效率。

很多問題，甚至是男女朋友吵架的問題，也都是這樣，要優先考慮「人」的因素。友情提示一下男同學們，當你的女朋友抱怨一個問題時，你直接給解決方案，90%以上的機率會火上加油。第一步最好是先哄著解決情緒，再去解決問題本身。

所以，以「人本思維」來多關注「人」，「人」才是解決問題的最重要的要素。

用老闆們的機會思維、本質思維、人本思維，可以繞開這些「坑」。那麼接下來，我們需要在解決問題的過程中，踩準哪些關鍵點呢？基於麥肯錫的分析解決問題的方法，我們做了一個簡化版的流程步驟。

第一步：界定問題。

按解決目的，通常企業中的問題分為三大類。

第一類，恢復原狀型。比如，「突然離職 5 個人，專案癱瘓了」，那就要聚焦於解決「如何讓專案正常運轉」的問題。

第二類，防範潛在型。比如，銀行的壞帳呆帳、公司的負債率過高等，這些可能目前還沒發生但未來可能會出現的問題。

第三類，追求理想型。就是提升現狀，達到更好。比如，「如何提升銷售額 20%」這個問題，可以界定為「找到提升銷售額的策略路徑」。

第二步：假設備選方案。

比如你是賣水果的，你問顧客：「你要橘子嗎？」對方會說不喜歡，那就完了。如果你問他：「您是喜歡蘋果、橘子還是葡萄？」他選擇其中一個的機率會大大提升。多提供預備選項，可以增加對方接受方案的機率。

所以，建議你養成擬訂備選方案的工作習慣。

第三步：找到最佳方案。

這一步的關鍵點，就是讓利益相關者在關鍵里程碑上達成共識，不然你的解決方案再好都不會被認可，也就很難被實行。這裡分享一個說服技巧叫「黃金圈法則」，該法則的核心就是先說「為什麼」，基於共識的邏輯，再說「怎麼做」，最後形成「是什麼」。這與我們通常習慣性地告訴別人要做什麼、怎麼做的思路是相反的。

舉個例子，我為一家幼兒教育機構規劃商業模式計畫。在業務定位上，我們先達成選擇標準 —— 基於顧客需求和差異化。也就是找到「為什麼」會得出方案的出發點。

然後，我在計畫中展示我是如何做的，並透過調查整理出顧客的三大痛點。然後，利用與競爭對手的比較，分析出顧客關注但卻還沒能滿足的需求，最終找出差異化的定位「是什麼」。客戶非常滿意，其實他認同的是共識背後的邏輯。

所以，與其說服對方選擇最佳解決方案，不如先讓大家對決策標準和邏輯達成共識。

掌握了分析解決問題的關鍵步驟，我們繼續分享幾個解決問題的常用小工具。

工具一：心智圖法。

怎麼運用心智圖法呢？舉個例子，你找份工作，可以分解成需要做這些準備工作：撰寫履歷、找應徵管道投放履歷、面試準備。然後我們將每一個準備工作再層層分解，比如，撰寫履歷就包括用什麼模板、用什麼樣的照片、分幾個部分、用什麼經歷或作品等，這樣分類和排序就很清楚了。心智圖可以幫助你釐清目標，梳理出路徑，因其視覺化的特點，還可以幫助監督執行計畫。

工具二：模型法。

所謂模型法，就是用別人驗證過的成熟模型來分析問題的邏輯，找到做決策的依據。

比如，老闆讓你設計產品商標，你隨便找個圖形的話，就很容易被老闆和其他人質疑。但如果你能從符號刺激感知系統的四個層面——視覺、聽覺、嗅覺、觸覺一一著手，去說明你的方案是如何做到讓使用者看得見、記得住，那樣就可以很容易說服老闆和其他人。

你可能說，我沒讀過商學院，不懂也記不住模型。其實尋找模型是有捷徑的，你可以用「關鍵字＋模型（或理論）」這樣的組合在網路上搜尋，比如組織模型、決策理論、品牌定位邏輯等，發達的網路中一定有適合你的可借鑑的邏輯。

工具三：角色法。

一種角色法是，找兩個同事，你扮演夢想家，讓他倆扮演實幹家和評論家。由實幹家評價你的方案怎麼實行的細節和計畫，由評論家提出風險和問題。這樣，你的解決方案就能全方位地得到驗證。

另一種角色法是，從不同利益相關者視角來審視解決方案，比如，從老闆、客戶、供應商等的角度。這樣下來，你就能發現不同視角關注的問題都會不一樣。

著名心理學家薩提爾曾說過：「問題本身並不是問題，如何對待問題才是問題。」在工作生活中，我們應學會不懼怕問題，從容應對問題，在解決問題中不斷成長。

小結

我們分析了如何解決問題的思維和方法。

解決問題，首先需要具備機會思維、本質思維和人本思維，當我們具有這些思維之後，就可依照下面三個步驟去解決問題了：

第一步，界定真正的問題；

第二步，擬訂備選方案；

第三步，達成決策邏輯的共識，確定最佳方案。

同時，還有三個實用的解決方案工具 —— 心智圖法、模型法和角色法，藉助它們，可以增強解決方案的說服力和可行性。

延伸思考

找一個你工作中要解決的問題，用心智圖法、模型法或角色法中你覺得適合的工具來梳理思路，解決問題。

05

你的遠方 vs 老闆的遠方

沒有職場驅動，你如何跑贏職場馬拉松？

你是否有過這樣的想法：「老闆給我多少錢，我就做多少工作？」反過來，老闆們也常常對員工說：「你值多少錢，我給你怎樣的工作。」

從管理的角度，我在提供顧問服務時一般會建議老闆透過激勵文化替員工加持。不過，在這裡我想從個體視角出發，聊一聊我們為什麼而工作，也就是工作的「驅動力」問題。

科學家們對人行為背後的驅動力做了研究，將行為驅動力分為下面三種。我們可以檢視自己、對號入座，看看自己處於哪個驅動系統，就可以意識到為什麼有人可以亢奮工作，而你卻沒什麼幹勁。

驅動力 1.0：生物性驅動力。

人類具有的原始和基本的需求就是「生存」。人類需要食物，保障安全，也需要交配繁衍，這些基本欲望和需求一直延續到現在，這就是驅動力 1.0。

所以，當你的工作僅僅是生存手段，那麼錢自然成了最大驅動力。

驅動力 2.0：外部激勵與懲罰。

20 世紀初，隨著工業革命不斷發展，關於工作驅動力，又有了新假設，即「要提升生產力，就要獎勵好行為，懲罰壞行為」。現在企業所用的績效機制和激勵機制，都是基於這樣的假設設計的。

但問題是，外部激勵會讓人上癮，錢少了，員工就會失去動力和目標。外部激勵效應會遞減，到一定程度後，即使激勵再大，也沒有幸福感。

所以，如果沒有自我驅動力，被動工作的你終將陷入迷惘和麻木。

驅動力 3.0：自我開發的驅動力。

你有沒有想過自己 40 歲之後，是否還有足夠的價值繼續留在現在的公司裡？

你有沒有在忘我的投入、挑戰創新以及幫助別人中感受過工作的幸福？

如果都沒有，那麼你從工作中除了錢，還賺到了什麼呢？

我們的職業生涯是一場馬拉松賽，如果我們不升級職場驅動系統，從生存本能的驅動力進階到開發自我潛能的驅動力，你不僅會後勁不足，而且在當下的工作中也無法獲得快樂。

我們觀察到成功的領導者、企業家，他們都有一個共同特點——清楚自己工作的意義，所以即便是在生存階段，他們也不忘自己的使命和追求。那他們到底是為什麼而工作呢？

目的一：精進自己。

日本的「經營之神」稻盛和夫在《生存之道》這本書中說：「工作即道場，工作的目的是『自我修練』，為了讓自己擁有美好心靈、圓滿人格和智慧的自己。」

世界上有很多這樣的人。在義大利威尼斯，我見過堅持了40年在火爐旁鑽研吹玻璃的藝術家；在日本，91歲「壽司之神」的學徒光做米飯就要學上5年；當然除了大師名人，我的身邊也有從家庭主婦成為作家的四個小孩的媽媽，什麼學歷沒有卻透過自學成為基金經理人的朋友。

他們固然也有利用工作賺錢養家，但他們熱愛工作，推崇敬業、精益、專注和創新精神，在不斷追求更好的自己的過程中獲得價值感和成就感。

目的二：責任與愛。

我一直在一些公益組織中做志工，其間也見過很多人不只為自己工作。比如，為了成為孩子的榜樣而努力的父親，為對團隊兄弟們負責而奮鬥的創業者，為一方百姓謀福祉的政府官員，還有在山區幫助貧困孩子的老師，為身障人士爭光的帕拉林匹克運動員。

這些幸福的人生贏家都是基於利他心，以責任感和大愛作為驅動力。

目的三：改變世界。

賈伯斯（Steve Jobs）說過「活著就是為了改變世界」。我身邊也有很多改變世界的人。

比如，我的前輩、蓋茲基金會區域代表。她原本可以在麥肯錫合夥人的位置上舒服地待著，卻毅然投身公益事業，致力於解決社會難題。當她與三個孩子從美國回中國後，發現中國教育的一些弊端，於是親手建立教育機構，為教育產業的改變另闢蹊徑。

改變世界固然不容易，但這不是只有老闆們才能做的事情。當我們每個人都在自己的職位上發現問題，解決問題，不斷創新時，其實都是在改變世界。

對這些人來說，工作絕不是簡單的謀生手段。他們都自帶驅動力 3.0，可以自我強化。很多人以為只有先解決了溫飽問題後才能去考慮意義的事情。但實際上，當一個人用自驅動力去工作的時候，就會比被動完成任務更能取得佳績，自然也能解決生活的基本問題。

了解了這些人為什麼而工作，你有沒有開始思考自己工作的意義呢？不管你工作是為了精進自己還是改變世界，我想提醒你，你至少要提前儲備下面這三種職場燃料，來幫助你實現工作的意義。

燃料一：可遷移能力。

所謂可遷移能力，就是不僅現在能用，換個東家、換個產業也能用的能力。比如，問題分析與解決能力、公開表達與寫作能力、快速學習能力、職場情商等。

在我的職業生涯裡，固然做顧問培訓是主要工作，但之前也做過公關、投資、與網路相關的工作，還做過翻譯，開過咖啡館，到現在也依然是斜槓青年。我之所以能快速勝任不同工作，也能為不同產業客戶做顧問培訓，最重要的祕訣是在早期儲備了這些可變動能力。

所以，把現在的工作當練習機會，快快儲備那些到哪都能用的技能吧，這樣你才能有信心最終擺脫對平臺的過度依賴，獲得自主力和選擇權。

燃料二：有價值的經歷。

你獨立執行過有挑戰性的新專案嗎？你有在不同城市甚至不同國家工作過嗎？你參加過一些社團或者志工組織嗎？這些工作機會、挑戰和成長經歷，會為你打開未來不同的可能性，也增加職業靈活度。

請注意，這並不意味著提倡頻繁跳槽，我們強調的是思考與創新，即使是在一家公司、一個職位，你也可以去了解不同部門的工作，挑戰創新的想法，甚至爭取內部創業。

所以，主動承擔有價值的工作，勇於挑戰和創新，累積多樣的經歷，讓自己的工作變得更有意義。

燃料三：持久的關係。

想想如果你現在離開公司，你與老闆和同事會成為長久的朋友嗎？你所在平臺會為你的職涯品牌做背書嗎？這些品牌和人是職場中寶貴的長期資源。

記得我第一份工作實習薪資很低，交完房租吃個飯就所剩無幾了。但那時候存下的無形資產到現在都還管用，比如主動承擔的翻譯工作為日後管理研究奠定了基礎，那時結識的專家推薦我去留學，同事和客戶現在成了合作夥伴，出差結識的夥伴為我推薦下一家東家，甚至連打掃阿姨都幫我在裝修辦公室的時候找到施工團隊資源。

想來，這種持久關係是因為在工作期間我成了「付出者」，透過幫助別人更有效地雙贏，擴大了影響力。

職場也好，生活也罷，其實都是一場漫漫的長途旅行，旅途中會遇到種種艱難困苦。而我們自己如同一輛奔向未來的皮卡，如果沒有強大的自我驅動力，如果過程中沒能不斷補給儲備燃料，那麼，你很容易耗盡自己的能量，停止前行。希望每一個行者，能夠在旅途中遇見更好的自己。

小結

在這裡我們聊到了「為什麼而工作」，也就是關於工作驅動力的話題。一般而言，驅動力有三個版本，而我們需要將工作驅動力從 1.0 版本的生存驅動升級到 3.0 版本的自我驅動。自我驅動的目的有三個：精進自己、責任與愛、改變世界。

提前儲備以下三種職場燃料，可以幫助我們實現工作的意義：

燃料一，可遷移能力；

燃料二，有價值的經歷；

燃料三，持久的關係。

因此，我建議你們在完成工作任務和目標的同時，要主動為自己的工作賦予意義，創造機會和挑戰，這樣你賺的不僅是薪資，更是為未來儲備的動力能量。

延伸思考

想一想你是「為什麼而工作」，找到自己的驅動力，並用三種職場燃料對比一下你現在的工作狀態，如果有不足，請為未來一年的自己做加油計劃。

沒有策略思維，你如何規劃未來職涯方向？

從事顧問培訓產業這麼多年，很多朋友向我詢問最多的困惑是：「小蘭老師，我未來應該做什麼工作好呢？」與此同時，老闆們跟我抱怨最多、最令他們頭痛的問題則是：「留不住人是最頭痛的，員工動不動就跳槽。」

這就是員工不確定的遠方和老闆的遠方之間不對等的矛盾。關於未來，每個人的思考著眼點都不相同，那麼，我們如何用策略思維來探索「未來職涯方向」的問題呢？

既然說到未來，那就先來看看人才市場有什麼樣的趨勢，我們面臨著什麼樣的挑戰。

挑戰一：長江後浪推前浪，我們還能永遠留在沙灘上嗎？

每年畢業季都會有大量新鮮人湧入職場，同時，企業招募中也會有隱性的年齡，要求有些職位只要 35 歲以下員工。這幾年一些大公司都大規模裁員，有些朋友之前一路舒服，沒想到奔四十了卻遇到職業斷崖了。

如果你是職場新人，你如何在千軍萬馬中脫穎而出？如果你是老員工，又如何與那些成本低、創造力又高的新生代競爭呢？

挑戰二：技術性失業時代，我們會不會被機器淘汰？

隨著技術的不斷進步，很多職業都已經被淘汰。比如美國最大的律師事務所已經聘請機器人協助處理案子，人工智慧可以輔助醫生「看 X 光片」，且準確率已達到 95%以上，而摩根史坦利已經為 16,000 名財務顧問配備了機器學習演算法。

固然，人工智慧還無法完全替代人類，但你有沒有開始思考自己的工作將來會不會被機器人取代呢？

挑戰三：公司的不確定性，離開公司你能活嗎？

很多企業難以活過 20 年，而中小企業平均壽命更是短到 3 年，這也意味著，在一生中你需要換好幾個東家。

同時，傳統的組織形態和僱傭關係也正在瓦解。《2018 全球人力資本趨勢報告》中說，全球有近 8,000 萬名自由職業者，在美國 40%的員工都不屬於傳統僱傭模式。

如果現在的你被動或主動地離開所在的公司，你覺得自己能夠很好地生存嗎？

面對這些競爭、威脅和不確定性，我們每個人都要提前探索未來方向。因為，對於內心沒有方向的人，到哪裡都是逃離，對於有方向的人，到哪裡都是追尋。

企業需要策略，個人職涯發展也需要策略。所以我們將分享一個策略思維工具 —— 策略羅盤，它可以提供四個視角。

第一，計畫視角。

沒有計畫的企業如同「流浪漢」，很難回答「我是誰，到哪裡去，怎麼去」的問題。

掌管了兩家公司的企業家說：策略思維是對產業、趨勢與環境有深刻的認知，並能基於客戶需求，主動調整應對方式的過程，而不是僅只關注眼前局勢，被動應付變化。

職涯選擇也是如此，要主動選擇有前景的產業，並基於市場需求動態地不斷去調整。

第二，定位視角。

企業如果缺乏定位，就會變成「東施效顰」，只會不斷模仿競爭對手。

找工作也一樣，首先應該問自己兩個問題：我在哪競爭？拿什麼優勢去競爭？

職涯發展不是投機性的、一次性的生意，而是透過了解自己、揚長避短，形成競爭優勢的過程。

第三，能力視角。

企業沒有核心競爭力就如同「牆頭草」，頭重腳輕根基淺，策略無法落地生根。

個人職涯發展也一樣，我們可以從三個方面審視自己有沒有核心競爭力。

需求性。比如，近幾年企業都特別需要自媒體營運、電商營運方面的人才，因此這些職業的平均薪資也跟著漲價。

獨特性。你是否很容易就被替代？你要離職時老闆會不會挽留你？

不可模仿性。比如，你有跨界的綜合經驗、極致的作品或者技術專利等。

所以，不斷累積和打造自己的核心競爭力，才能立足於產業，獲得更高的回報。

第四，學習視角。

有些企業和人就如同「恐龍」，對變化反應遲鈍，充滿惰性，則必然會被淘汰。

記得在前幾年我翻譯有關大數據的書的時候，市面上只有一本關於大數據的書。短短幾年，大數據的運用已經遍地開花。房產經紀公司轉型為房地產大數據公司，停車場管理公司衍生出停車 App，提供使用者停車資訊、多元支付方式。

我們看到企業在快速進化，而如果自己跟不上，那必然會被企業拋棄。

當我們擁有了這樣的策略性思維之後，又該從何處著手去切入探索自己職業的未來方向呢？由於每個人的實際情況都不相同，因此我們只分享幾個思路，供大家參考。

熱愛驅動力 —— 我喜歡什麼？

我的朋友樂樂，原本是思科的通路經理，她特別喜歡博物館和歷史，無論到哪裡旅行都必去博物館。當媽媽後，她乾脆轉型做起親子博物館遊覽的講解，建立了官方帳號，還開設線上課程教授兒童線上歷史課。

我周圍像樂樂這樣，從白領轉為編劇、運動教練、心理諮商師等職業的大有人在。他們都是興趣使然，找到了職業的未來方向。你也不妨思考看看，看看自己有哪些興趣能轉化為生產力。

需求驅動力 —— 世界需要什麼？

這個世界上存在的問題，其實都是機會。比如，計程車平臺看到了叫車的需求，外送平臺看到了外送食物的需求，所以它們在短時間內發展壯大。在職涯選擇上也是一樣，你只要想清楚了要幫助哪些產業、哪些人，解決什麼樣的問題，就能夠找到自己工作的使命和方向。

能力資源驅動力 —— 我有什麼？

有人會彈鋼琴，有人會開發程式，那麼你最擅長做什麼？找到最擅長的能力，你可以把這個優勢發揮到極致。比如，同樣是廚師，你可以努力成為米其林廚師；同樣是做衣服，普通設計師和訂製設計師的價值也是不一樣的。

你還可以盤點資源。比如你有一處店面，或有一些商品，那麼這些資源都可以活用。如果都沒有，那就跟個好的老闆吧，補充他的能力和資源，然後一起成功。

信念價值觀驅動力 —— 我推崇什麼？

你思考過對你人生最重要的價值是什麼嗎？這會影響到你的選擇。比如，我的價值觀中第一位就是「自由」，這是我做自由職業者和自己開公司的原因。

有人認為先賺錢很重要，所以採取先賺錢後發展愛好的策略；有人認為愛很重要，所以寧可不賺錢也要去做公益事業。

每個人都有不同的信念和價值觀，沒有對錯，但你自己要想清楚。因為如果你不清楚自己的信念，當所從事的工作和價值觀衝突時，你就會很痛苦，甚至不知道為什麼痛苦。

身分驅動力 —— 我是誰，我應該做什麼？

比如，「我是一個陪伴孩子的好媽媽」，這樣自我定義的女性，就無法選擇超忙碌的工作，而需要家庭和工作之間相互平衡。我很喜歡的一名管理學者將自己定義為「老師」，所以即使他去企業當總裁，也只是為了實踐他的研究，而不是求財求名。所以，用「我是誰」或者「我是一個什麼樣的人」這樣的問題來問問自己吧。

最後，我借用電影《打不倒的勇者》（*Invictus*）裡，曼德拉誦讀的詩歌作為結尾 ——

面對未來的威脅，

你會發現，我無所畏懼。

無論命運之門多麼狹窄，

也無論承受怎樣的懲罰。

我，是我命運的主宰。

我，是我靈魂的統帥。

小結

我們探討了如何用策略思維探索未來職涯方向。首先提供了一個實用的工具 —— 策略羅盤，該工具有四個視角：

第一，計畫視角；

第二，定位視角；

第三，能力視角；

第四，學習視角。

當透過策略羅盤洞察了自己的職涯發展策略之後，又該如何探索和選擇自己未來的方向呢？我提供了五個思考方向，即分別從興趣、需求問題、能力資源、信念價值觀和身分五個角度切入。我們也希望每個人都能找到自己的方向，提前定位，提前布局。

延伸思考

用策略羅盤的四個視角檢視一下自己的職涯發展策略。

不破思維局限，你怎麼知道自己有多少潛能？

我在做管理顧問，幫助企業解決問題的過程中，經常會面臨很多看似無解的挑戰。那麼你的工作會不會也經常遇到各種挑戰和問題？比如，將你調到完全不熟悉的新職位，去做完全沒有經驗值的新工作？老闆給了 20 萬元的設計預算，卻讓你做出 30 萬元的效果？本來需要三個人做的工作，現在讓你一個人搞定？……面對種種挑戰，你是拒絕、焦慮抱怨，還是選擇突破局限？

如果我們在工作之中遇到挑戰，又該如何突破自己的思維局限？

我在觀察那些成功人士、發掘他們成功的祕訣時就發現，老闆與員工有一個很大的區別，那就是面對挑戰時的「格局不對等」。你的遠方似乎是一路的障礙物和各種風險，而老闆看到的更多是遠處美麗的高山美景，而不是盯著一路的石頭雜草就退縮和放棄，他們站得高，看得遠，所以應對挑戰也遊刃有餘。

那到底是什麼阻礙了我們格局的開闊度？我們又該怎麼打破思維局限？

我自己也是一名企業教練。教練，其實是透過改變被教練者的心智模式來發揮其潛能和提升效率的管理技術。教練會幫助個體或者企業，提升內心的能量，透過陪伴和支持，引導變化和成長。我在幫助企業和高階主管時也常常會運用教練技術。

這裡，分享一個「教練技術」中的概念，那就是「局限性信念」。什麼是「局限性信念」？它是指限制或阻礙我們接受挑戰或改變的某種信念。最經常犯的局限性信念模式有兩種。

第一種，「如果……那麼……」模式。

「如果我沒學過這個，那麼我就沒法做這個工作。」

「如果我沒有經驗，就不可能比那些資深的人做得好。」

「如果以前沒做好，那麼未來肯定也做不好。」

這些「如果怎麼怎麼樣，那麼就不可能」的思考模式，會阻礙我們去嘗試和挑戰。

相比之下，老闆通常會想：「如果不會做，那我就去學習；如果實在學不會，那我就找個懂的人幫助我。」、「如果我沒有經驗，我可以不受限制地去創新。」、「如果以前沒做好，那麼我就檢討一下，看看哪些失誤可以避免。」

也就是說，在面對挑戰時，你覺得不可能，但老闆的詞典裡卻永遠沒有「不可能」。

第二種，「X ＝ Y」模式。

學歷＝成功。「我學歷不高，所以沒法成功。」

工作年限＝能力。「我工作沒多久，能力不夠。」

性別＝機會。「我是女人，所以這個主管位置不可能給我。」

地域＝前途。「我在小城市，肯定沒前途。」

仔細想想，這 X 與 Y 之間真的有必然連結嗎？其實不然。

很多時候我們的潛能都是被我們的這些局限性信念所阻礙，其實，那些都是我們為自己設定的框框。

那該如何離開這些框框，擴展我們的格局呢？這裡有三個心法可用。

心法一：意義轉化法 —— 給挑戰賦予正面意義。

首先最簡單直接的方法是，你可以問自己：「這事對我有什麼好處？」給看起來負面的事情，賦予一些正面的意義。

比如，擔任新領域的工作，我可以趁機學到新技能；三個人的工作讓我一個人做，這樣有難度了才可以體現出我有多「強」。

你也可以想想底線，比如即便失敗了，這事情對我還有沒有什麼好處。吃飯咬到石頭才知道要吃得慢，所以就算我失敗了，也增加了經驗值，那麼下次一定可以做得更好。

你還可以進一步嘗試再提升挑戰的意義，思考你做的事情對公司發展，乃至對產業來說有什麼正面意義。比如，我研發的技術對汽車工業有什麼貢獻等。別覺得這樣想會不好意思，有哲學家就曾說過，人與其他動物的區別就在於人的覺察讓萬事萬物有了意義。而綜合一個人所獲得的意義，也就構成了他的人生境界。

所以當我們對所做的事情賦予正面的、更高的意義時，就能提升境界，做到不抱怨、不拋棄、不放棄。

有了這樣的心態，接下來就是要解決挑戰性問題。

心法二：資源延伸法——從有限資源到無限資源。

我們看起來在拚盡全力解決問題，但往往很容易局限在自己的有限資源裡面。其實，我們可以嘗試透過從資源的不同為度來思考，尋找突破限制的方法，這裡指的資源，包括人、財、物、空間等，是廣義的範疇。

比如說，「我」延伸為「我們」，我自己沒創意，但可以求助同事，也可以在社交動態發文詢問。我一個人沒法完成業績翻倍，但卻可以找管道、找夥伴，讓「我們」一起完成。

錢，延伸為「錢＋資源」，我現金有限，但卻有實物，有技術，有其他無形資源，可以跟其他人資源置換。

空間也可以延伸，比如業務可以延伸到不同縣市，或者轉移到國外。我的一個客戶，就是因為發現國內的競爭太激烈，於是將業務重心轉到國外進行開拓，結果發展得更好。

很多老闆都會有一種「萬物為我所用」的格局，只要能夠達到目標，他們是有條件要上，沒有條件創造條件也要上。一間企業的總經理曾說，無論老闆的決定是什麼，我的任務只有一個，幫助這個決定成為最佳決定。而他的老闆因為這名總經理想盡一切辦法獲得各種資源支持公司的決策，終於做出了成功的產業典範型架構體系，後來成為人力資源的經典案例。

所以，從「將一切當資源」的視角去看世界、看問題，就會發現辦法總比困難多。

心法三：第三選擇法 —— 關注「目標」，尋找第三條路。

我們的視角往往會聚焦在「你贏我輸」、「對與錯」、「好與壞」這種二元對立的選擇上，在和老闆、同事的協同過程中，也經常會局限於區分「你的方式」或「我的方式」。但實際上，當我們關注到目標，萬事都會有「第三條路」。

比如，我的客戶公司的設計部同事，老闆給他 50 萬預算要創意設計，他自己想不出來，這個金額也不夠外包，後來他用 10 萬辦了個校園創意大賽，徵集到了很多好方案，不僅解決了創意問題，還藉機招到了優秀的實習生。

所以，不要僅局限在老闆讓你做的方式或自己認為的方式裡，而應該去聚焦目標，想一想有沒有雙贏的第三種解決方式。

雷根（Ronald Reagan）說：「生命中的挑戰並不是要讓你陷於停頓，而是要幫助你發現自我。」透過不斷突破自我局限，相信你會驚喜地發現你都不認識的你自己，也許這就是生命的神奇，也是人生的樂趣。

小結

我們在這裡分享了「局限性信念」的概念，在職場中，局限性信念會讓你在面對挑戰時迴避或恐懼。常見的局限性信念有兩種：「如果……那麼……」模式和「X ＝ Y」模式，但其實，這種要素之間的假設關聯是可以破除的。了解了局限性信念之後，我們解決問題時就可以用三個心法來突破局限：

心法一，意義轉化法 —— 給你所做的事情賦予正面意義；

心法二，資源延伸法 —— 利用無限資源找解決辦法；

心法三，第三選擇法 —— 關注「目標」，開闢第三條路解決問題。

其實，在這個瞬息萬變的時代，不管是工作還是生活，我們都需要不斷挑戰自己、突破自己。比如 2017 年，我去挑戰高空跳傘，在上飛機之前我一直在害怕，在胡思亂想：如果失去重力，那麼我一定會難受得要死；如果傘沒及時打開，我又該怎麼辦？事實上，這些想法都是局限性信念。當我真的從 3,600 公尺高空跳下來的時候，那個美不勝收的嶄新世界，那種成功的喜悅和成就感，讓我一下子就忘記了這些想法，沉浸在非常美妙的體驗之中。所以，在工作和生活中，我們一定要勇於突破自己，這樣才能持續成長。

延伸思考

在工作中，找到一條你的局限性信念，並用三個心法破除它。

沒有創業精神，如何創出自己人生的業？

我經常聽人說：「反正我就是個幫人工作的，工作差不多混一混就行了。」面對這樣的同仁，老闆們也無奈：「我希望團隊能夠團結一心，擁有共同願景目標，一起奮鬥，但總覺得他們缺少一股幹勁。」

老闆們所說的那股幹勁到底是什麼呢？其實就是「創業精神」。創業精神貌似是在說創業者，但其實這個概念已超越了創業的範疇。只要是敏捷地應對變化，勇於突破創新，確立創造價值的思考方式，培養積極進取的意志品質，都是創業精神。

即使在成熟的企業裡，每個人也都需要「創業精神」。因為，我們都是職場生態圈裡的一員，都需要在變化的世界裡、在優勝劣汰的競爭中存活下來。那麼，如何用創業精神獲得更好的發展呢？

首先，我們介紹一下職場中的三類物種，大家可以對號入座，看看自己屬於哪一物種。

第一種：羚羊 —— 積極的奔跑者。

他們不肯接受安逸，勇於走出舒適圈去和獅子賽跑。

有成功的創業者從很年輕就開始創業，歷經多次失敗，卻未曾放棄，最終在十幾年後迎來成功的喜悅。

所以，堅持不懈的創業精神能夠幫助你尋找到更多的成功機會。

第二種：大象 —— 企業內部的變革創新者。

《誰說大象不會跳舞》（*Who says elephants can't dance?*）一書的作者、IBM 的掌門人葛斯納（Louis Gerstner），透過摧毀舊模式，將 IBM 集團的主力業務從大型電腦業務逐步轉型為提供系統解決方案，使得虧損了 160 億美元的病駱駝變成了「藍色巨人」。其實個人發展也一樣，在世界 500 大企業工作的上班族也要面臨職業轉型，風光無限的上市公司高階主管早晚也要離開平臺。

如果你已經是成功的大象，也不要忘記用創業精神抵禦未來風險。

第三種：海豚 —— 社會公共領域中的逆襲者。

美國有個鞋品牌叫 TOMS，該品牌的創立故事頗為傳奇。最開始是設計師看到阿根廷的農村孩子們沒有鞋穿，於是針對此做慈善，但後來他發現讓人們不斷捐錢捐鞋的慈善方式並無法維持，所以就大膽創新，採用了賣一雙鞋就捐贈一雙鞋的方式。截至 2017 年，該品牌已經在全球 70 幾個國家捐贈了 7,500 萬雙鞋子。

如果你在政府或社會組織工作，你也可以用創業精神設計更好的模式和管理方法，以便幫助更多的人。

無論是在企業還是在公共部門工作，是在創業還是在職場裡上班，創業精神都能有助於我們發現機會、抵禦風險、轉型升級。那麼對於成功的老闆們來說，他們又是如何理解並踐行創業精神的呢？

全心投入，成為追求完美的極客。

被譽為「經營之神」的王永慶，16 歲開了家米店。我們從他送米的這件小事就能看出他成功的祕訣 —— 極致。王永慶不僅把所有混雜在米中的沙粒提前挑出來，在送貨上門時還詳細記錄了顧客家裡有多少人，一個月吃多少米，何時發薪水，然後在顧客差不多吃完了的時候，主動將米送上門 —— 以現在的話來說，就是用大數據進行客戶管理。有了極致的顧客體驗，生意自然就好。

回想一下，你有沒有把現在的工作做到極致呢？如果沒有，那麼可以嘗試一下，一定會有不一樣的工作成效和回報。

解決痛點，成為把想法變為現實的創客。

分享一下我的朋友的創業故事。2014 年，她剛生下自己的孩子，發現新手媽媽們普遍有育兒知識不足的焦慮。所以，她開設了粉絲專頁，分享育兒知識。就是從這個痛點抓起的小小嘗試，成就了如今有廣大粉絲，擁有驚人營收的母嬰電商平臺，同時正常識跨足教育領域。

所以，從身邊的痛點出發去幫助他人解決問題，也許你也能發現機會。

負責自己，分享他人，成為情懷的堅守者。

無論在哪裡工作，投入時間就是在投入你的生命，那麼，你對自己的生命有沒有堅守的目標和原則？

記得多年前我在臺灣考察誠品書店，被創始人吳清友 25 年的堅守所震撼。誠品書店在創業後 15 年裡是虧錢的，但即便是受到網路的猛烈衝擊，吳清友也一直堅持人與人、人與空間、人與書之間的互動原則，用心打造誠品書店的每一個角落、每一個書架，為讀者提供愛、善、美的體驗。如今，遍布世界的 40 餘家書店以及誠品精神，就是誠品書店留給這個世界的寶貴財富。

很多創業成功的人都具有某種情懷，也許是幫助他人，也許是解決社會的某個痛點，而堅守這種情懷，則會讓他們闖出一條屬於自己的路。

學會了這樣的格局和思維，那麼在平時的工作中，我們如何用「創業精神」搞定工作呢？我們提供一個「人生立方體」的思考方法，它可以幫助我們時刻提醒自己去打造和培養創業精神。這個立方體有四個維度。

維度一：寬度 —— 跟隨好奇，拓寬腦洞的寬度。

比如，同樣進行研發專案，A 員工只關注擅長的程式編碼，而 B 員工在按時完成本職任務的同時，還從財務那裡學會了控制成本，從客戶那裡挖掘出了新專案需求。可想而知，B 肯定比 A 更獲老闆的重用。所以，積極拓寬工作的寬度是非常有價值的事情。

這裡分享個小小的實踐訣竅，一般公司裡都有個茶水間，你可以利用喝咖啡的時間，了解一下其他同事在做什麼、對一些問題有什麼見解。另外，你也可以每週找不同的人吃午餐，這樣日積月累，你就能漲很多見識。

所以，走出你的小隔間，去拓寬視野，這會讓你腦洞大開，突破局限，這也是創意的基礎。

維度二：深度 —— 極致投入，挖掘職業的深度。

我很喜歡大海，以前喜歡不費力氣的浮潛，可是在嘗試深潛後，我才意識到原來自己不知道海水有多深，大海深處多有魅力。我發現工作也是一樣的。之前我嘗試過很多不同產業的工作，但只有在我一頭栽到組織管理領域裡進行深入研究的時候，才真正獲得了用自己所學吃飯的本領。

所以，深潛一個領域，成為該領域的專家，這件事非常重要。

維度三：高度 —— 刻意練習，模擬高階的工作。

假設你是個出納，請不要只埋沒在票據堆裡出不來，而應該去想想如何更好地做預算、資金結算等財務管理工作，同時還可以嘗試著去做財務分析。如果做到了財務經理的職級，那就去關注投融資等更高階的部分。

這裡有一個小妙招可以分享給大家，那就是「模擬老闆」。工作上遇到事情時，我們不妨先想想：「如果是老闆，他會怎麼辦？」試著把自己擺在老闆的位置上去思考和處理問題，再去比對老闆實際是怎麼做的，想想老闆為什麼這麼做。

當你練習了足夠多次的老闆角色後，你自然也就成為高階的人，甚至成為老闆。

維度四：長度 —— 疊代自己，拉長時間的長度。

在畢業十年後的同學聚會上，你會發現同學之間慢慢就有了差距 —— 不是比誰賺錢更多，而是從工作和生活狀態以及發展趨勢來看，那些不求眼前的安逸，不計較小利益，不斷學習疊代自己的同學們，會走得更快、更高、更久。

所以，我們應該在更長的時間維度上去思考成與敗、得與失，不斷去疊代和進化自己。

其實，職場如此，人生也如此。當我們開始勾勒自己人生的立方體時，你會找到生命成長的方向，有了方向，有了成長，你就不會迷惘，不會焦慮。當你能夠用創業精神，不斷為自己的立方體注入能量時，你也會感受到自己的人生越來越豐盈。當自己有了充足能量之後，職場中的那些事又算得了什麼呢。

小結

在職場中，「創業精神」同樣重要，它可以幫助我們在工作中發現機會，抵禦風險，並促使我們轉型升級。在日常工作中，我們可以從寬度、高度、深度、長度上鍛鍊自己，不斷畫出更大的人生立方體，使所有組織都成為你修練自己的最好的道場。

延伸思考

在一張白紙上畫你的人生立方體，從「創業精神」的角度看看你現在的寬度、高度、深度和長度能打幾分。

沒有經營思維，你還敢當斜槓青年？

最近有一種比較紅的生活方法叫做「斜槓青年」。什麼是斜槓青年？就是有雙重職業甚至多重職業的人。比如：一個程式設計師，在週末還兼職做健身教練；一個母嬰內容創業者，業餘時間還做模特兒。不過關於員工做斜槓，一部分老闆卻是不太看好，說：「現在的年輕人真不安分，自己分內工作都沒做好，還搞什麼斜槓？」

其實我自己也是一枚斜槓青年，接下來我們就聊一聊「斜槓」這一特殊的職涯發展模式，希望能幫助大家做出更理性的職涯發展路徑規劃。

據統計，在 18 ～ 25 歲的族群中，多達 82.6%的年輕人想成為「斜槓青年」。可是很多人對「斜槓青年」並沒有準確的理解。最典型的誤解有三個。

誤解一：斜槓＝兼職？

比如，你為了賺點房租錢，今天賣賣房子，明天做點代購，算斜槓嗎？不是！所謂斜槓，是在自己熱愛的領域裡成為專家，那些零散的兼職頂多就是多了一個點，還稱不上真正的斜槓。

所以，簡單地用你的時間或力氣變現外快的兼職不是真正的斜槓。

誤解二：斜槓＝更多機會？

在人才競爭如此激烈的時代，你必須在多個領域做到極致，才有可能在競爭中獲得機會。但從老闆的角度來說，則會擔心員工的「投入度」和「穩定性」，所以在有些機會面前，斜槓反而可能得不到很深的信任感。

所以，先打造好單槓，再想著畫斜槓吧。

誤解三：斜槓才是開外掛的人生嗎？

有人覺得斜槓才是開外掛的人生、有趣的靈魂，其實還有很多活法也是能幸福和成功的：

第一類，豎槓青年 —— 打磨一門手藝的匠人，或者研究技術或產品的專家型人才。比如，我的老同事一輩子潛心做日語翻譯，在外交領域做了很多貢獻。

第二類，橫槓青年 —— 從專業出發，往外延伸。比如，我一個同學，英語系畢業後在母校當老師，後來去了上市公司做國際化相關業務，現在又去了聯合國國際公益組織裡工作。

第三類，T 形青年。比如，我認識的一位環境專業博士在通用公司做了幾年技術職，後來自己開了一家顧問公司，自己做老闆，這是典型的技術加管理的綜合型人才。

所以，無論是橫槓、豎槓還是斜槓，能基於自己的定義創造價值的，就是好青年。

其實，做斜槓好比一個公司要多元化發展，不是所有人都能搞得定。好的斜槓青年，會像老闆經營一家公司一樣經營，這就需要具備老闆格局。在開始你的斜槓生涯前，你可以問問自己下面這四個問題。

問題一：你有成長策略嗎？

麥肯錫對保持成長的不同產業領先企業做長期研究後，總結出「策略三層面」理論。第一層面，建立確保核心事業；第二層面，發展新業務；第三層面，開創未來事業機會。其中心思想是：強化核心業務，再搭建成長階梯。

個人的職業成長也是如此。你只看到有的人打個廣告能賺十幾萬，但卻不知道他可能當了 10 年的記者；又或是某個知名作家，在成名前讀了幾十年金庸，又窩在報社寫了多年的文章。他們都是在一個方向上有足夠累積之後才有了現在的成就。

所以，我們建議在一定時期內要全力打造第一主業的核心競爭力，然後再去畫第二個成長點。

問題二：你有資本嗎？

首先是資產。巴菲特（Warren Buffett）說人生就是一場不斷抵押的過程。你要先想清楚用什麼資產換取什麼東西，比如用你的時間、健康、人脈，來換取趣味、收入或是影響力。也就是你要想清楚成為斜槓的捨與得。

其次是現金流。你能保障優質生活和抵抗風險嗎？你的斜槓能變現嗎？

最後是投資。斜槓需要不斷投資自己，讓自己成為一個領域的至少半個專家，比如努力拿到會計師、營養師、潛水教練等執照和認證。

所以，請你盤點好自己所擁有的資產和現金流，並不斷投資自己獲得新技能。

問題三：你有團隊資源嗎？

這個團隊不是僱用他人的概念，而是幫助你拓展斜槓的所有資源。比如，我做培訓講師，如果沒有合作夥伴共同打造課程，沒有通路做推廣，沒有助理幫忙做商務工作，甚至沒有老媽、保母幫忙帶孩子、做家事，我很難做什麼斜槓。

所以，想要發展斜槓，需要累積各種團隊資源。

問題四：你有強大的自我管理能力嗎？

我所訪談及觀察過的斜槓朋友們，都有這樣的共同特質：很強的自我管理能力。我自己也是相同的感覺，比如早上跑步我會備課，會利用坐飛機的時間完成顧問報告，晚上一邊哄孩子睡覺一邊抬腿做運動——很多時候都需要同時做 2 ～ 3 件事情。

所以，精力管理以及自制力是斜槓青年非常重要的基礎能力。

經營自己如同經營一家公司，需要從策略、資本、團隊、管理能力等方面規劃清楚，目標和路徑清晰，才能獲得成功。

其實，成為斜槓是成長策略的一種。長期來看，透過斜槓思維來布局未來，其實也是拓展影響力、降低職涯風險的一種策略。所以，即使你不打算成為斜槓，我建議你也可以用上面的四個問題來思考你的職涯發展策略。

如果你想清楚了，準備好了要做斜槓，那該怎麼切入呢？下面提供幾個組合供你參考。

A 組合：工作＋興趣愛好。

我的斜槓朋友中，有寫文章出書的網路公司高階主管，有在樂團做小提琴手的產品經理，有做拉丁舞教練的生物學專家。他們的本職工作都做得非常出色，同時這些興趣愛好也不是隔幾天玩一玩，而是真心熱愛，也具有專業的水準。

B 組合：工作＋優勢技能。

比如，我自己會韓語，就能替高層人物做口譯，還翻譯過書。假設你擅長做 PPT，你也可以透過平臺開設自己的線上課。這些都是工作＋優勢技能。

C 組合：工作＋不同職能。

比如技術＋業務，財務＋供應鏈，行政＋人力資源。這種一個人承擔多種職能的方式是比較低風險的斜槓發展策略。而且老闆也很喜歡這種企業內的複合型斜槓。

D 組合：專家顧問＋意見領袖＋衍生模式。

有一位在母嬰領域特別紅的媽媽是我的朋友，我是一路看著她從每天努力地寫育兒的粉絲專頁，到成為育兒專家和意見領袖，接著獲得投資，然後出書、做影片、舉辦講座、拍廣告，最後衍生出母嬰電商的。

E 組合：工作＋顧客需求。

顧客需求是商業模式的根基，在工作的過程中，發現顧客需求可以是成為斜槓，甚至是創業的機會。我一個朋友發現周圍家長跟自己一樣找不到性價比高的夏令營，就兼職舉辦了親子營隊。

小結

關於斜槓青年的話題，我想傳遞的核心觀點是：

第一，斜槓不是唯一的開外掛模式，你可以先把主業的單槓做精了，再去想斜槓的事。

第二，想成為斜槓青年，需要從策略、資本、團隊、管理能力等方面做充分考量和準備。

第三，斜槓可以有五種切入模式：工作＋興趣愛好，工作＋優勢技能，工作＋不同職能，專家顧問＋意見領袖＋衍生模式，工作＋顧客需求。

於我而言，斜槓青年不是簡單地多做一個兼職，而是圍繞自己定義的人生夢想所展開的承載方式，也意味著多元的人生價值觀。我認為，生命需要從更多元的層次與與視角來發現自己、豐富自己。在這個意義上，其實人人都可以，也都應該具備斜槓青年的自我經營思維。

延伸思考

你是不是想成為斜槓青年？如果是，那就思考一下五種切入模式中自己能用哪一個。

不懂幸福的方法，如何創造幸福的人生？

一位老闆很無奈地告訴我：「A 同仁離職了，真不理解，不開心都成了離職原因。」

不過，並不是所有人都能一不開心就炒掉老闆，他們會說：「工作嘛，就是養家餬口，還要什麼幸福快樂。」

其實，前面我們學那麼多搞定工作的方法，最終目的都是創造幸福人生，所以在本書的最後，我們聊一聊「幸福的方法」。

首先，我們需要分析一下工作中的那些不幸福感來自哪裡。

不說生活、情感等因素，比如失戀了或健康出問題，而影響到工作的情況。我觀察到，職場中大多數人的不幸福感其實來自於自己與團隊的不合適。人與團隊如同一對情侶，合不合得來，可以從下面四個層面來進行判斷。

第一層面：物質層面 —— 公司滿足你的基本物質需求了嗎？

一個關鍵要素是辦公地點和工作環境。假如你每天要擠著捷運花幾個小時上下班，這肯定是影響幸福度的。

另一個關鍵要素就是報酬。研究顯示，一個員工離開一個公司的理由中排名第一的就是「錢給得不夠」。不過，留在一間公司的理由，錢可不是首要的，所以錢也不是萬能的幸福鑰匙。

第二層面：關係層面 —— 你的自我關係和團隊關係和諧嗎？

首先，什麼叫自我關係和諧？比如：讓你當了主管，你卻管不住下面的兩個人，很有壓力，這是職責與能力不和諧；你本來要寫篇稿子，可是滑了半天手機導致加班，這是計畫與行為不和諧。所以工作中能不能「自控」是自我和諧的很重要的幸福因子。

其次，團隊關係。比如，能不能好好融入同事團體，辦公室風氣復不複雜，這些組織中的關係會直接影響你的幸福感。

第三層面：制度層面 —— 公司的管理風格讓你感到舒服嗎？

比如：你喜歡扁平化組織，可是公司有層層主管，不能越級報告，你很悶；你想單刀直入解決問題，公司卻要求用規定標準的流程去解決，你覺得很繁瑣；你希望彈性工作制，公司卻要求每天打卡。

這些組織結構、流程、制度、老闆的領導風格，都會影響工作的舒適度和你的積極性。

第四層面：精神層面——你認同公司願景和價值觀嗎？

為什麼海底撈員工那麼賣命？因為他們相信老闆為他們創造了「雙手改變命運」的平臺。

所以，你的詩與遠方最好和公司、老闆的相同，這樣才能走得長遠。

以上這四個層面——物質層面、關係層面、制度層面和精神層面，在找工作時就要考量，應徵時不要只關注薪資，要看看公司和你是否相配。當然，就如相親一樣，哪有那麼完美的？所以建議你想清楚最關鍵的層面，如果這個層面合得來，就好好相處吧。

如果你幸運地找到了適合和喜歡的工作，是否就能幸福了呢？不是。即使在這樣的公司，你也會因遇到困境而感到沮喪，遇到挑戰而感到壓力，遇到小人而感到憤怒。面對這些，如果你能夠具備一定高度的格局，那很多事就沒那麼困難了。我們來看看老闆們是用什麼樣的幸福觀來對待工作、解決痛苦、看待世界的。

幸福觀一：世上沒有絕對快樂的工作。

記得上大學時在補習班學英語，筆記本上印有這麼一句話：「在絕望中尋找希望。」這是當年創辦人在開立補習班時的內心寫照。在他被公司辭退、自己去校園打廣告的時候，他說自己是很難受的，也不想讓別人看見。但隨著學員的不斷認可以及企業的快速成長，他逐漸感受到教育的意義和價值。

所以，其實幸福不是沒有痛苦的快樂，而是尋找希望和意義的過程。

幸福觀二：生活不僅是眼前的苟且，還有詩與遠方。

一間上市企業的創始人在小小的辦公室創業，一天工作 16 小時，午餐囫圇吞棗，每週上班 7 天。為什麼他不抱怨？為什麼他能戰勝危機？是為賺錢嗎？不是，是他對事業的熱愛與夢想支撐他走到今天。

那麼，你有想要實現的夢想嗎？找到夢想會給你的生命帶來意義和力量。

幸福觀三：世界是自己的，與他人無關。

作家楊絳說過：「我們曾如此渴望命運的波瀾，到最後才發現，人生最曼妙的風景，竟是內心的淡定與從容；我們曾如此期盼外界的認可，到最後才知道，世界是自己的，與他人毫無關係。」

所以，向內探尋自己定義的價值才是真正持續幸福的正道。

學會與負面情緒相處，擁有未來的夢想，向內尋求安定的心，會幫助我們在浮躁的社會中獲得內心的幸福。那麼，以這樣的幸福觀為參考，我們怎樣過每一天才能獲得幸福感呢？

正向心理學之父馬丁．賽里格曼（Martin E. P. Seligman）研究出「幸福五元素模型」（PERMA），這五個元素分別是：正向情緒、全心投入、正向人際、生命意義和成就感。我們可以從這五個元素出發，在每一天的工作生活中找到幸福感。在這裡，我與大家分享我自己的一天是如何結合幸福五元素來安排的。

清晨 6：00：正向情緒啟動時間。

我經常晨跑，這不僅為我帶來充沛的能量，還有助於啟動正向情緒。同時我也一邊跑步一邊聽書，或者有時會思考這一天的計畫，這也會提升工作效率。

7:00：「幸福的決定」時刻。

我每天會和兒子一起做「幸福的決定」。「今天媽媽決定完成報告，過充實的一天。」小朋友說：「今天我正向發言，過快樂的一天。」這樣，每天為自己設定小小的幸福目標。

7:30-8:00：「幸福股東會」時間。

幸福股東會，就是列出對人生幸福重要的股東清單，比如父母、朋友、老闆。對這些幸福股東，我會著重維護。比如，打個電話給父母、送首歌給朋友、為老闆的發文按個讚——注意，按讚一定要留言而不是只按讚。別看很簡單，這對於建立和諧關係特別有用。

8:30-12:00：「沉浸投入」時間。

這個時段，我不會去想「孩子吃飯了嗎？晚上吃什麼？」等問題，而是全心全意專注於工作。有時候投入地做教程或報告時，我彷彿覺得整個時空只有自己，聽不到外面的聲音。你也可以在工作的時候嘗試隔離干擾，不去看通訊軟體、滑抖音，這時你的效率和所產出的成果，一定是非常令人驚喜的。

下午 2:00-5:00：「創造意義」時間。

這個時段，有時我在講課，有時也會忙碌於公益活動。不管是分享知識還是分享愛，對我而言都是人生的重要意義所在。當工作有了意義，那麼過程中即使有辛苦、有衝突、有失敗，這意義也會給予人力量和支撐。

晚上睡覺前：「成長」時間。

這個時段，我會看自己喜歡的書，也會回顧一天的工作，有時為自己完成目標而按讚和自我激勵。當然，我也不是每天都只有快樂，我也會有壓力大的時候，這時我會透過聽音樂等方式調整情緒，努力品味幸福五元素，來感悟每一天的幸福。

幸福是一種感受，更是一種能力。最後，推薦一部電影《當幸福來敲門》（*The Pursuit of Happyness*），送你其中一句經典的臺詞：「幸福不在於別人，而在於我們自己。」希望你能夠珍惜每一個瞬間，自己創造屬於自己的幸福人生。

小結

在本書的最後，我們聊了關於工作中「幸福感」的話題。

在團隊中可能導致不幸福的因素有四個層面——物質層面、關係層面、制度層面和精神層面。

我們可以向老闆們學習怎樣的幸福觀呢？主要有三個：

幸福觀一，工作不是簡單快樂；

幸福觀二，人需要夢想；

幸福觀三，幸福要向內求。

了解了老闆們的幸福觀，我們就可以嘗試學習和利用正向心理學之父的幸福五要素模型，透過正向情緒、投入、人際關係、意義和成就來獲得幸福。

延伸思考

請嘗試用幸福五元素來重新感悟一天中的幸福時刻。

05 你的遠方 vs 老闆的遠方

後記

啟用冰山，融化冰山

「冰山」在我們每個人的世界裡無處不在。

了解了自己的「冰山」，運用冰山理論實踐溝通，我在生活和工作中都受益匪淺。這裡分享兩個印象最為深刻的故事。

第一個故事，是我與兒子的故事。有一個週日，我想帶兒子去公園，但他死活哪裡都不去。他開始在家裡調皮搗蛋，把淨水器裡面所有的水都放出來，把廁所的衛生紙都拉出來，把沙發的抱枕踩得羽毛紛飛。到中午了，既不好好吃飯，也不肯睡午覺。一開始，我很生氣，覺得孩子太不聽話。但是很快，我覺得他肯定有自己的原因，就開始嘗試去想像他的內心世界。

我問自己：「他到底為什麼會這樣？他有什麼感受？有什麼期待？」我突然想起，前一天（週六）我正要帶他出去玩，臨時接到開會通知，於是匆忙把孩子交接給我先生，就趕著去開會了，也沒有好好跟孩子解釋去哪裡。

我問：「你是因為怕媽媽像昨天那樣突然走掉，所以才不願意出去玩的嗎？」

一直搗蛋的他突然停下了動作，兩眼泛著淚光直直地盯著我，說不出話來。

「昨天是媽媽不對，一時著急沒有和你好好解釋要去哪裡，什麼時候回來。」

他瞬間哇哇大哭起來。我連忙抱著他不停地道歉，他哭著哭著就在我懷裡睡著了，一睡就是三個小時。

其實，他是害怕（感受），害怕媽媽帶他出去玩時再一次離開（觀念）。他搗亂是為了引起關注（期待），更深層次的渴望是媽媽的愛（渴望）。身為家長，如果只看到孩子表面的行為，那一定是生氣和打罵。但身為媽媽，如果能夠傾聽和理解孩子的感受、觀念、期待和深層的渴望，這一切都很好解決。

第二個故事，是一個職場故事。在一次教練課程中，一位女學員耿耿於懷道地出了對老闆的強烈不滿。在她剛懷孕並把這個消息告知她的老闆的時候，老闆的反應非常負面和激烈。後來的一段時間，她總覺得老闆對她很不好，給她更多的工作壓力，讓她更加頻繁地加班和出差。因此，她也常常帶著情緒上班，有一次當眾任性拒絕老闆的任務和要求，兩人出現了滿大的衝突。

其實，她內心感到非常委屈（感受），希望老闆多給予自己一些理解和照顧（期待）。她認為自己作為員工已經盡職盡責了，雖然是孕婦，但也從來沒耽誤正常工作（觀念）。她看起來是個「女強人」，有時脾氣也大，但仍然渴望被愛、被尊重、被認可。

從老闆的角度來看，其實當時公司正處於艱難的時期，面臨著很多危機。面對內外部壓力，老闆自己也非常焦慮和著急（感受）。他希望公司的重要員工在這樣的非常時期盡快創造業績，不被其他事情所干擾（期待）。老闆起初認為，孕婦肯定無法好好工作，會影響產出績效（觀念）。

當這位女學員開始分析老闆的「冰山」時，她說這是自己第一次站在老闆的視角去看待問題。她覺得，這樣一來自己其實也理解了老闆的壓力、顧慮和擔心。如果當時她能夠清楚地看到和感受到這些，也許就可以和老闆更坦誠地溝通，不僅能夠解除老闆的顧慮，也可以用更好的方式表達一些合理的訴求，而不至於與老闆發生那麼大的衝突。

透過這兩個故事，我們不難發現，「冰山」效應其實會綜合性地作用於我們的生活和工作。那麼我們應該如何面對並解決它？

首先，啟動自己的「冰山」——覺察自己的內在。

我此刻是否生氣或者委屈？為什麼？

我是因為何種觀念認為他人是錯的？

我希望從這個世界得到什麼？為什麼那些如此重要？

當我們不斷詢問自己這些深層的問題時，我們內在的「冰山」會被啟動，進而覺察到那個被自己忽略了的「自己」。

其次，如果我們能夠透過傾聽和溝通，理解他人與自己不同的「冰山」，那麼就可以很容易地找到融化「冰山」的突破點。

我相信，經過 5 個層面、30 個具體職場場景的分析，你已經可以大致判斷自己與對方出現的衝突是源於哪個層面的不對等。不過，人是複雜的，世界是複雜的。很多問題並不是單純由一個層面的不對等引起的。所以，我們需要綜合分析問題，最終才能真正學會如何融化「冰山」。

所以，啟動冰山、融化冰山，其實也就是了解自己、理解他人。換位思考，找到雙贏的解決方案才是解決衝突的最佳路徑。希望讀到本書的每一位讀者能夠從中受益，真正將書中的「一招一式」運用到實際工作與生活中。

最後，我非常感謝這些年幫助我成長的人們，因為他們，才讓我擁有了洞察和解析老闆思維的機會和能力。

首先，感謝我的第一任主管李明星先生。當年還是職場「小白」的時候，我從他身上看到了超越自我世界的格局，也收穫了很多近距離接觸「大強人」的機會，為日後的發展和成長奠定了扎實的基礎。

其次，感謝我的清華校友導師，也是過去 6 年的合作夥伴 —— 郭玲老師。我們在企業教練的工作中並肩作戰，為很多成長型企業提供顧問服務，這一過程給了我諸多啟發，幫助我在組織管理顧問和培訓領域裡快速成長。她也是第一位讓我真正實現生活、工作、精神領域共同成長的啟發者。

也非常感謝山頂視角創始人、資深出版人王留全。我們是多年的朋友，正是因為和他時不時地思維碰撞才有了《學得會的老闆思維》的選題創意。當然，今日的小成果也離不開團隊夥伴們的辛苦付出。

還要感謝在這本書及同名課程的開發過程中給予我支持和鼓勵的老師和朋友們，包括清華經管學院組織與人力資源副教授王雪莉老師、追光動畫聯合創始人于洲、合眾思壯副董事長武崇利、方正數位韓野、美國 ICF 大師級教練葉世夫老師等諸多貴人。

最後，感謝從小培養我哲學思考的我的父親，以及在我開發課程期間給予支持和照顧的母親，謹以此書獻給他們 —— 我生命中最重要的親人。

念起，便是生命中最美的風景。感恩、利他、幸福，這些便是我想透過這本書傳遞的資訊。回望曾經冰山般固執的歲月，我發現，淡定並沒有那麼難，輸贏並沒有那麼重要，當你願意將自己融化為溫柔的海洋，這個世界對你也會溫柔相待。

電子書購買

爽讀 APP

國家圖書館出版品預行編目資料

學得會的老闆思維：人人都是自己的 CEO / 朱小蘭 著 . -- 第一版 . -- 臺北市：山頂視角文化事業有限公司 , 2025.05
面；　公分
POD 版
ISBN 978-626-99568-8-3(平裝)
1.CST: 職場成功法
494.35　　　　　　114003788

學得會的老闆思維：人人都是自己的 CEO

臉書

作　　者：朱小蘭
發 行 人：黃振庭
出 版 者：山頂視角文化事業有限公司
發 行 者：山頂視角文化事業有限公司
E-mail：sonbookservice@gmail.com
粉 絲 頁：https://www.facebook.com/sonbookss/
網　　址：https://sonbook.net/
地　　址：台北市中正區重慶南路一段 61 號 8 樓
8F., No.61, Sec. 1, Chongqing S. Rd., Zhongzheng Dist., Taipei City 100, Taiwan
電　　話：(02) 2370-3310　　　　傳　　真：(02) 2388-1990
印　　刷：京峯數位服務有限公司
律師顧問：廣華律師事務所 張珮琦律師
定　　價： 320 元
發行日期： 2025 年 05 月第一版
◎本書以 POD 印製
Design Assets from Freepik.com